Photoshop电商美工设计
实用教程

刘 艺 编著

人民邮电出版社

北 京

图书在版编目（ＣＩＰ）数据

Photoshop电商美工设计实用教程 / 刘艺编著. --
北京 ： 人民邮电出版社，2020.7（2024.1重印）
ISBN 978-7-115-53271-8

Ⅰ．①P… Ⅱ．①刘… Ⅲ．①图象处理软件—教材
Ⅳ．①TP391.413

中国版本图书馆CIP数据核字(2019)第301181号

内 容 提 要

这是一本全面介绍如何使用 Photoshop 进行电商美工设计的实用教程。本书针对零基础读者编写，是快速、全面掌握电商美工设计的实用参考书。

本书以课堂案例为主线，从电商美工设计基础到店铺首页、详情页和各种活动图的设计，从 PC 端到手机端，对电商美工设计中的各种流行设计风格做全面剖析。每个案例都有制作流程详解，并且安排了相关的课后习题，读者在学习案例后可以通过习题进行练习，拓展自己的创意思维，提高设计水平。

本书还为广大读者提供了学习资源，包括书中课堂案例和课后习题的素材文件和源文件，以及课堂案例和课后习题的在线教学视频。另外，为方便老师教学，本书还提供了 PPT 教学课件、教案，以及测试题。

本书适合电商美工设计初学者使用，可作为电商美工的参考用书，也可以作为培训学校、高等院校的教学参考书或上机实践指导用书。

◆ 编　著　刘　艺
　　责任编辑　张丹阳
　　责任印制　马振武

◆ 人民邮电出版社出版发行　　北京市丰台区成寿寺路 11 号
　　邮编 100164　　电子邮件　315@ptpress.com.cn
　　网址　https://www.ptpress.com.cn
　　天津画中画印刷有限公司印刷

◆ 开本：787×1092　1/16　　　　彩插：2
　　印张：13.25　　　　　　　2020 年 7 月第 1 版
　　字数：372 千字　　　　　2024 年 1 月天津第 11 次印刷

定价：45.00 元

读者服务热线：(010)81055410　印装质量热线：(010)81055316
反盗版热线：(010)81055315
广告经营许可证：京东市监广登字 20170147 号

P033   3.2.8

课堂案例——置入嵌入的对象

在线视频：第3章\3.2.8 课堂案例——置入嵌入的对象.mp4

P039   3.3.6

课堂案例——制作抵用券

在线视频：第3章\3.3.6 课堂案例——制作抵用券.mp4

P042   3.4.5

课堂案例——将图像裁剪为平面图

在线视频：第3章\3.4.5 课堂案例——将图像裁剪为平面图.mp4

P054   4.2.8

课堂案例——处理颜色暗淡的照片

在线视频：第4章\4.2.8 课堂案例——处理颜色暗淡的照片.mp4

P059   4.3.6

课堂案例——制作新鲜果橙主图

在线视频：第4章\4.3.6 课堂案例——制作新鲜果橙主图.mp4

P061 4.5.2

课后习题——处理偏暗照片

在线视频：第4章\4.5.2课后习题——处理偏暗照片.mp4

P069 5.1.7

课堂案例——制作女包倒影

在线视频：第5章\5.1.7 课堂案例——制作女包倒影.mp4

P075 5.2.5

课堂案例——制作立体商品图

在线视频：第5章\5.2.5 课堂案例——制作立体商品图.mp4

P090 6.3.3

课堂案例——制作小清新导航条

在线视频：第6章\6.3.3课堂案例——制作小清新导航条.mp4

P094 6.4.3

课堂案例——甜品店铺首页海报设计

在线视频：第6章\6.4.3 课堂案例——甜品店铺首页海报设计.mp4

P105 7.1.3

课堂案例——制作
毛绒玩具详情页

在线视频：第7章\7.1.3 课堂案例——制作毛绒玩具详情页.mp4

P120 7.4.2

课后习题——制作
炒锅详情页

在线视频：第7章\7.4.2课后习题——制作炒锅详情页.mp4

P124 8.1.4

课堂案例——制作双十二促销广告

在线视频：第8章\8.1.4 课堂案例——制作双十二促销广告.mp4

P129 8.2.3

课堂案例——制作精美手表直通车推广图

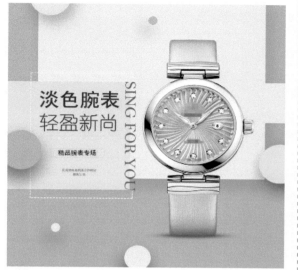

在线视频：第8章\8.2.3 课堂案例——制作精美手表直通车推广图.mp4

P135 8.3.3

课堂案例——制作沙发钻展图

在线视频：第8章\8.3.3 课堂案例——制作沙发钻展图.mp4

P151 9.2.8

课堂案例——制作手机端时尚家具店铺首页

在线视频：第9章\9.2.8 课堂案例——制作手机端时尚家具店铺首页.mp4

P158 9.3.3

课堂案例——制作手机端大米详情页

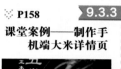

在线视频：第9章\9.3.3 课堂案例——制作手机端大米详情页.mp4

P167 10.1.4

课堂案例——切割护肤品店铺首页

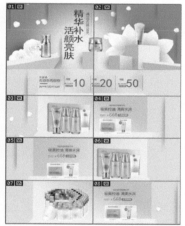

在线视频：第10章\10.1.4 课堂案例——切割护肤品店铺首页.mp4

P171 10.2.3

课堂案例——优化与保存收纳用品店铺首页局部图片

在线视频：第10章\10.2.3 课堂案例——优化与保存收纳用品店铺首页局部图片.mp4

在线视频: 第11章\11.2.1 课堂案例——制作家用电器店铺首页.mp4

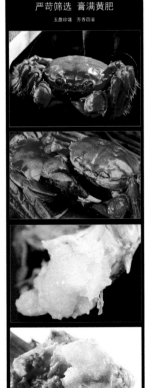

在线视频: 第11章\11.3.1 课堂案例——大闸蟹详情页.mp4

前 言

随着互联网的飞速发展，网络购物已经逐渐被人们熟悉和接纳，为很多人提供了创业的机会和途径，同时也衍生了"电商美工"这一类技术人才。本书总结了编者多年的美工经验，从实用角度出发，结合Photoshop软件与电商美工设计的实际操作演练，深度剖析店铺各个版面装修的技巧与特点，可以让读者了解到美工的日常工作及操作方法，从而做到举一反三，制作出优秀的店铺界面。

本书内容经过精心的设计，按照"软件功能解析—课堂案例—课堂练习—课后习题"这一思路进行编排，力求通过软件功能解析使读者快速熟悉软件功能；通过课堂实例演练使读者深入学习电商美工的思路和操作；通过课堂练习和课后习题，拓展读者的实际应用能力。在内容编写方面，力求通俗易懂、细致全面；在文字叙述方面，力求言简意赅、重点突出；在案例选取方面，则强调案例的针对性和实用性。

本书配套资源中包含了所有案例的素材文件、效果文件、教学视频和PPT教学课件等丰富的教学资源，任课老师可以直接使用。本书的参考学时为50学时，其中实训环节为25学时，各章的参考学时见下面的学时分配表。

章	课程内容	学时分配	
		讲授学时	实训学时
第1章	电商美工必备知识	1	
第2章	色彩、文字、版式	1	1
第3章	Photoshop的基础操作	3	3
第4章	使用Photoshop美化图片	3	3
第5章	商品图像的合成与效果制作	2	2
第6章	店铺首页设计	2	2
第7章	宝贝详情页设计	1	2
第8章	活动图的设计与制作	3	2
第9章	手机端电商店铺视觉设计	1	2
第10章	图片的切片与优化	2	2
第11章	商业案例实训	6	6

为了方便老师和读者更了解本书的结构体系，下面对全书结构进行图解展示。

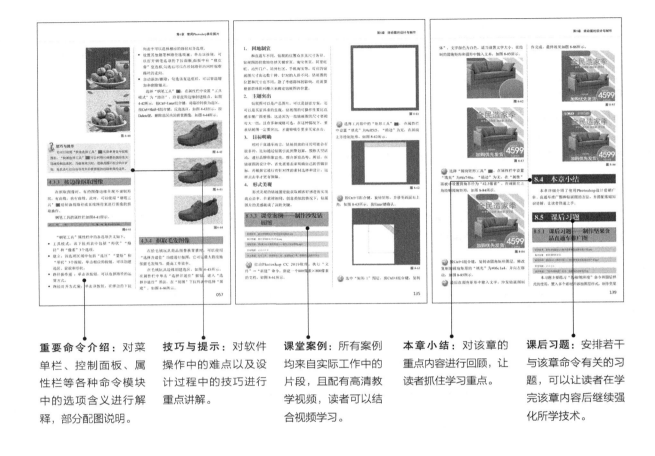

重要命令介绍： 对菜单栏、控制面板、属性栏等各种命令模块中的选项含义进行解释，部分配图说明。

技巧与提示： 对软件操作中的难点以及设计过程中的技巧进行重点讲解。

课堂案例： 所有案例均来自实际工作中的片段，且配有高清教学视频，读者可以结合视频学习。

本章小结： 对该章的重点内容进行回顾，让读者抓住学习重点。

课后习题： 安排若干与该章命令有关的习题，可以让读者在学完该章内容后继续强化所学技术。

由于编者水平有限，书中疏漏之处在所难免。在感谢您选择本书的同时，也希望您能够把对本书的意见和建议告诉我们。

编者

2020 年 3 月

资源与支持

本书由"数艺设"出品，"数艺设"社区平台（www.shuyishe.com）为您提供后续服务。

配套资源

书中案例的素材文件和源文件　　　在线教学视频　　PPT 教学课件

资源获取请扫码

"数艺设"社区平台，为艺术设计从业者提供专业的教育产品。

与我们联系

　　我们的联系邮箱是 szys@ptpress.com.cn。如果您对本书有任何疑问或建议，请您发邮件给我们，并请在邮件标题中注明本书书名及 ISBN，以便我们更高效地做出反馈。

　　如果您有兴趣出版图书、录制教学课程，或者参与技术审校等工作，可以发邮件给我们；有意出版图书的作者也可以到"数艺设"社区平台在线投稿（直接访问 www.shuyishe.com 即可）。如果学校、培训机构或企业想批量购买本书或"数艺设"出版的其他图书，也可以发邮件联系我们。

　　如果您在网上发现针对"数艺设"出品图书的各种形式的盗版行为，包括对图书全部或部分内容的非授权传播，请您将怀疑有侵权行为的链接通过邮件发给我们。您的这一举动是对作者权益的保护，也是我们持续为您提供有价值的内容的动力之源。

关于"数艺设"

　　人民邮电出版社有限公司旗下品牌"数艺设"，专注于专业艺术设计类图书出版，为艺术设计从业者提供专业的图书、U 书、课程等教育产品。出版领域涉及平面、三维、影视、摄影与后期等数字艺术门类，字体设计、品牌设计、色彩设计等设计理论与应用门类，UI 设计、电商设计、新媒体设计、游戏设计、交互设计、原型设计等互联网设计门类，环艺设计手绘、插画设计手绘、工业设计手绘等设计手绘门类。更多服务请访问"数艺设"社区平台 www.shuyishe.com。我们将提供及时、准确、专业的学习服务。

目 录

第1章 电商美工必备知识 009

1.1 什么是电商美工 010
1.1.1 店铺装修的意义 010
1.1.2 电商美工的技能要求 010

1.2 电商美工的工作目的 011
1.2.1 美化商品的目的 011
1.2.2 美化店铺的目的 011

1.3 电商美工应遵循的装修规则 011

1.4 电商美工的日常工作 012
1.4.1 优化商品图片 012
1.4.2 设计店铺首页 013
1.4.3 制作活动海报 013
1.4.4 制作宝贝详情页 013

1.5 店铺装修常用的图片格式 014

1.6 本章小结 014

第2章 色彩、文字、版式 015

2.1 色彩的搭配 016
2.1.1 色彩的分类 016
2.1.2 色彩三要素 017
2.1.3 色彩的对比 018
2.1.4 页面常见配色方法 020
2.1.5 主色、辅助色与点缀色 020

2.2 电商文字 021
2.2.1 页面常用字体 021
2.2.2 电商字体设计 021
2.2.3 不同风格的字体效果 022

2.3 版式设计 023
2.3.1 常见的版面布局 024
2.3.2 版面布局设计准则 025

2.4 本章小结 025

第3章 Photoshop的基础操作 026

3.1 认识Photoshop图像处理软件 027
3.1.1 认识Photoshop的工作界面 027
3.1.2 工作界面的详细介绍 027

3.2 Photoshop基本操作 029

3.2.1 新建文档 029
3.2.2 打开和置入图像 029
3.2.3 存储图像 030
3.2.4 修改图片尺寸 030
3.2.5 修改画布大小 031
3.2.6 复制和粘贴操作 032
3.2.7 撤销和恢复 032
3.2.8 课堂案例——置入嵌入的对象 033

3.3 Photoshop图层操作 033
3.3.1 新建图层与新建图层组 033
3.3.2 合并与盖印图层 035
3.3.3 图层混合模式 035
3.3.4 图层样式 037
3.3.5 图层蒙版 038
3.3.6 课堂案例——制作抵用券 039

3.4 图片的二次构图 040
3.4.1 裁剪工具 040
3.4.2 按固定比例裁剪 040
3.4.3 校正后裁剪 040
3.4.4 透视校正后裁剪 042
3.4.5 课堂案例——将图像裁剪为平面图 042

3.5 本章小结 043

3.6 课后习题 043
3.6.1 课后习题——置入火龙果图像 043
3.6.2 课后习题——裁剪主图 044

第4章 使用Photoshop美化图片 045

4.1 去除图片瑕疵 046
4.1.1 污点修复画笔工具 046
4.1.2 修饰工具 046
4.1.3 用"内容识别"功能修饰图像 046
4.1.4 羽化 047
4.1.5 修饰残缺商品 047
4.1.6 锐化商品图像 048
4.1.7 模糊商品图像 049
4.1.8 减淡工具 049
4.1.9 加深工具 050
4.1.10 液化工具 050
4.1.11 课堂案例——去除面部瑕疵 050

4.2 纠正照片偏色问题 051
4.2.1 亮度/对比度 051
4.2.2 色阶 052
4.2.3 曲线 052
4.2.4 色相/饱和度 053

目录

4.2.5 色彩平衡 053
4.2.6 可选颜色 053
4.2.7 曝光度 054
4.2.8 课堂案例——处理颜色暗淡的照片 054

4.3 商品图片的抠图处理 055
4.3.1 抠取不规则形状的图像 055
4.3.2 从简单背景中抠图 056
4.3.3 按边缘抠取图像 057
4.3.4 抠取毛发图像 057
4.3.5 抠取光效图像 059
4.3.6 课堂案例——制作新鲜果橙主图 059

4.4 本章小结 060

4.5 课后习题 060
4.5.1 课后习题——复制商品图像 060
4.5.2 课后习题——处理偏暗照片 061

第5章 商品图像的合成与效果制作 ... 062

5.1 投影/倒影的制作方法 063
5.1.1 模糊投影 063
5.1.2 渐变投影 064
5.1.3 扁平化长投影 065
5.1.4 商品正视图的倒影 066
5.1.5 圆柱体商品斜视图的倒影 067
5.1.6 立方体商品斜视图的倒影 068
5.1.7 课堂案例——制作女包倒影 069

5.2 图像的合成和特效的制作方法 070
5.2.1 合成"钻出"屏幕效果 070
5.2.2 为商品图像制作绘画效果 071
5.2.3 添加光晕以体现商品协调性 073
5.2.4 添加光线效果 074
5.2.5 课堂案例——制作立体商品图 075

5.3 本章小结 077

5.4 课后习题 078
5.4.1 课后习题——制作牙刷倒影 078
5.4.2 课后习题——制作笔记本宣传图 078

第6章 店铺首页设计 079

6.1 店铺首页制作规范 080
6.1.1 店铺首页内容 080
6.1.2 首页主要元素的摆放位置 080

6.1.3 首页布局介绍 081
6.1.4 课堂案例——设计简约的首页布局 082

6.2 店招设计 086
6.2.1 店招的分类 086
6.2.2 店招设计的注意事项 086
6.2.3 店招包括的信息 087
6.2.4 店招的意义 087
6.2.5 课堂案例——店招制作 087

6.3 导航条设计 089
6.3.1 导航条介绍 089
6.3.2 导航条的设计要求 089
6.3.3 课堂案例——制作小清新导航条 090

6.4 首页海报设计 093
6.4.1 海报的尺寸与格式规范 093
6.4.2 首页海报的设计技巧 094
6.4.3 课堂案例——甜品店铺首页海报设计 094

6.5 辅助板块设计 097
6.5.1 收藏区设计 097
6.5.2 客服区设计 097
6.5.3 店铺页尾设计 098
6.5.4 课堂案例——制作收藏按钮 098

6.6 本章小结 101

6.7 课后习题 101
6.7.1 课后习题——制作早餐食品店铺首页
      海报 101
6.7.2 课后习题——制作清新店招 101

第7章 宝贝详情页设计 102

7.1 宝贝详情页的布局与分类 103
7.1.1 详情页布局 103
7.1.2 详情页类型 104
7.1.3 课堂案例——制作毛绒玩具详情页 105

7.2 详情页的分析与设计技巧 111
7.2.1 详情页模块分析 111
7.2.2 详情页设计技巧 112
7.2.3 课堂案例——制作曲奇详情页 114

7.3 本章小结 118

7.4 课后习题 119
7.4.1 课后习题——制作零食详情页 119
7.4.2 课后习题——制作炒锅详情页 120

目 录

第8章 活动图的设计与制作 121

8.1 促销广告设计 122
    8.1.1 促销广告的尺寸规范 122
    8.1.2 促销广告的设计准则 122
    8.1.3 常见促销广告类型 123
    8.1.4 课堂案例——制作双十二促销广告 .. 124

8.2 直通车推广图设计 127
    8.2.1 直通车存在的意义 127
    8.2.2 直通车推广图设计技巧 128
    8.2.3 课堂案例——制作精美手表直通车推
        广图 129

8.3 钻展图设计 134
    8.3.1 钻展图的含义 134
    8.3.2 钻展图设计要求 134
    8.3.3 课堂案例—— 制作沙发钻展图 135

8.4 本章小结 139

8.5 课后习题 139
    8.5.1 课后习题——制作坚果食品直通车推
        广图 139
    8.5.2 课后习题——制作情人节鲜花钻展图 .. 140

第9章 手机端电商店铺视觉设计 141

9.1 手机端电商店铺 142
    9.1.1 手机端电商店铺与PC端电商店铺的区别 ... 142
    9.1.2 手机端电商店铺设计规范 143
    9.1.3 课堂案例——手机端女包店铺布局设计 ... 144

9.2 手机端电商店铺首页装修 149
    9.2.1 首页装修技巧 149
    9.2.2 店招 150
    9.2.3 焦点图 150
    9.2.4 优惠券 150
    9.2.5 活动区 150
    9.2.6 分类区 150
    9.2.7 商品展示区 151
    9.2.8 课堂案例——制作手机端时尚家具店铺
        首页 151

9.3 手机端电商店铺详情页装修 156
    9.3.1 详情页设计规范 156
    9.3.2 产品描述要素 156
    9.3.3 课堂案例——制作手机端大米详情页 .. 158

9.4 本章小结 163

9.5 课后习题 163
    9.5.1 课后习题——制作手机端家具店铺首页 .. 163
    9.5.2 课后习题——制作手机端年货详情页 164

第10章 图片的切片与优化 165

10.1 图片的切片 166
    10.1.1 切片工具 166
    10.1.2 切片的作用与技巧 166
    10.1.3 切片的方法 167
    10.1.4 课堂案例——切割护肤品店铺首页 167

10.2 图片的优化与保存 170
    10.2.1 图片的优化 170
    10.2.2 图片的保存 171
    10.2.3 课堂案例——优化与保存收纳用品店
        铺首页局部图片 171

10.3 本章小结 173

10.4 课后习题 173
    10.4.1 课后习题——切割数码产品店铺首页 ... 173
    10.4.2 课后习题——切割并优化烘焙食品
        店铺首页商品展示区图片 174

第11章 商业案例实训 176

11.1 钻展图设计 177
    11.1.1 课堂案例——制作手表钻展图 177
    11.1.2 课堂练习—— 制作蜂蜜钻展图 186
    11.1.3 课后习题——制作手机端钻展海报 186

11.2 首页设计 187
    11.2.1 课堂案例——制作家用电器店铺首页 ... 187
    11.2.2 课堂练习——制作烤箱店铺首页 200
    11.2.3 课后习题——制作秋季上新的护肤品
        店铺首页 201

11.3 详情页设计 201
    11.3.1 课堂案例——大闸蟹详情页 201
    11.3.2 课堂练习——制作橙子详情页 211
    11.3.3 课后习题——制作炖汤药材详情页 212

11.4 本章小结 212

第 1 章

电商美工必备知识

内容摘要

电商视觉营销是店铺运营中非常重要的环节。所谓视觉营销就是以营销为目的，对店铺进行视觉设计与装修。电商美工作为这一过程的执行者，必须掌握相关的知识。本章将详细讲解电商美工的相关基础知识，帮助读者为后期的学习打好基础。

课堂学习目标

- 了解电商美工的技能要求
- 了解电商美工的工作目的
- 了解电商美工应遵循的装修规则

1.1 什么是电商美工

美工一般是指对平面、色彩、构图和创意等进行处理的技术人才，一般包含平面美工、网页美工和电商美工等。其中，电商美工的主要工作是对网店的商品、页面和广告进行美化，在给消费者更好的视觉体验的同时，达到引导销售和提高销售额的目的，如图1-1所示。

图 1-1

1.1.1 店铺装修的意义

在电商店铺装修的意义和内容上一直存在着众多的观点，然而不论是实体店铺，还是电商店铺，它们作为进行交易的场所，其装修的核心目的是促进交易的进行。因此，用户不妨从形象设计、空间使用率和购物体验来探寻电商店铺装修的意义。

1. 展示店铺信息

店铺装修设计可以起到提升品牌识别度的作用。对于实体店铺来说，形象设计能使外在形象保持关注度，为店铺塑造更加完美的形象，加深消费者对店铺的印象。同样，建立一个电商店铺，也需要设定出自己店铺的名称、独具特色的品牌和区别于其他店铺的色彩和视觉风格。从图1-2所示的店铺首页的图片中，可以提取出很多的重要信息，如店铺的名称、品牌、店铺配色风格、销售的商品等。

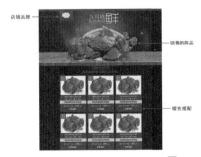

图 1-2

2. 直观展示更多的商品信息

在电商店铺的页面中，通过店铺主页能够获取的信息有限，因此，鉴于电商店铺营销的特点，电商都为单个商品的展现提供了单独的平台，也就是商品详情页面。

商品详情页面的设计直接影响商品的销售，顾客往往是因为直观、权威的信息而产生购买的欲望，所以对众多商品信息进行组合和编排能够提升顾客对商品的了解程度。图 1-3所示为两组不同的商品详情效果，一组是以平铺直叙的方式呈现商品的信息，而另外一组通过图文结合的方式来表现，通过对比可以发现后者更具有打动消费者的能力。

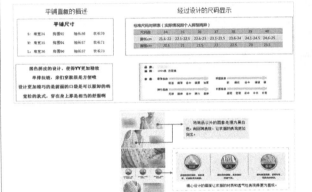

图 1-3

1.1.2 电商美工的技能要求

作为一名合格的电商美工，除了能够熟练使用Photoshop、Animate、Cinema 4D、Fireworks、Dreamweaver等设计软件外，还需要具备以下技能。

- 有扎实的美术功底和良好的创造力。
- 对网页的布局及色彩搭配有着独到的见解和体会，并具有较好的审美能力及美感意识。
- 懂一定的网页设计语言并有一定的文字功底。

广告需要突出所宣传产品的某一个吸引人的特点，这个突出的特点就是产品的诉求点。一个好的诉求点不仅能够打动消费者，还能展示商家产品的优越性，因此一个好的网店美工除了懂专业知识以外，还需要懂产品、懂营销、懂广告。只有了解如何将良好的营销思维应用到产品中，了解所制作的图片将传达什么信息，才能懂得如何去打动买家，从而激发买家的购买欲。

1.2　电商美工的工作目的

电商美工的工作主要是装修网店中的首页、详情页等页面，以及美化店铺中的商品图片。在进行工作之前，一定要明确当前工作的目的。电商美工的工作目的是在提高店铺整体形象的基础上，提升整个店铺的流量，最终提高店铺交易量。

1.2.1　美化商品的目的

商品图片是顾客了解商品的关键要素，好的照片比长篇描述更有说服力，更能激发客户的购买欲望。

美化商品的主要目的有以下几点。

- 增加产品被潜在顾客发现的概率。
- 提高买家购买力度。
- 提高商品在同类商品中的竞争力。

1.2.2　美化店铺的目的

美化店铺，也就是对店铺进行装修设计。电商店铺和实体店铺一样需要装修美化。好的店铺装修能够吸引更多的顾客浏览，并激发购买欲。

美化店铺的目的有以下几点。

1.　提高网店收益

对于大多数网上开店的人来说，给网店装修并不是娱乐，而是为了提高收益。正所谓三分长相七分打扮，网店的美化如同实体店的装修一样重要。只有独具匠心的网店装修才能打动顾客，增加网店的销售力。具体来说，网店装修至少能够带来以下几个方面的收益：增加顾客在网店中的停留时间、增加网店的诱惑力、提升网店的形象、打造网店强势品牌。

对网店进行精心装修能给买家留下一个好印象，让买家感觉到店主的认真与诚意。漂亮恰当的网店装修不仅能给顾客带来美感，还可以避免顾客在浏览网店时产生疲劳。装修好的精品网店传递的不仅是商品信息，还有店主的经营理念、文化等，这些都会给你的网店形象加分，同时也有利于网店品牌的形成。

2.　提高电子商务设计技能

对网店进行装修，必然牵涉一些软件的应用，如网页设计软件、图像设计软件、文字编辑软件等。掌握了这些软件基本上就明白了电子商务设计流程。对于一个网店店主来说，只有懂得电子商务设计技术，才能给自己的网店生意锦上添花。

3.　提高审美能力

网店装修是艺术和技术的完美结合，一个好的网店装修作品原本就是一件优秀的艺术品。好的网店装修能够给人带来美的享受。要设计出优秀的网店，还需要熟悉一些美术基础知识，如色彩、艺术流派等，可以在无形中提升审美能力。

1.3　电商美工应遵循的装修规则

网上店铺装修如同实体店的装修一样，要让买家从视觉上和心理上感觉到店主对店铺的用心，并且能够最大限度地提升店铺的形象，有利于网店品牌的形成，提高浏览量。

电商美工在装修店铺时，需要遵循以下装修规则。

- 体现店铺的形象，给人一种信任感，在5秒内吸引住访客的注意力。
- 突出重点，如热销商品、最新促销活动、折扣、新品，在5秒内可以快速、精准地将你最想表达的信息传达给访客。

- 风格要简单、清晰，不要让访客产生不舒服的感觉，尽量让更少的人在5秒内关闭窗口。
- 精心设计展示品牌形象的店招，店招为店铺文化的浓缩，它会在店铺的每个商品上方出现，因为其位置关键，所以一定要精心布置。在装修店铺时，美工需要考虑为买家展示什么内容，重要的内容就需要突出显示。店招设计的风格需要大气、精致，提高店铺的时尚感。

1.4 电商美工的日常工作

电商美工的工作范畴包括店铺页面设计与美化、网店促销海报的制作、宝贝详情页设计、图片美化、图片切片、商品图片上传等。本节将对电商美工的日常工作内容进行详细讲解。

1.4.1 优化商品图片

商品图片用来展示店铺商品的整体和局部细节，优质的商品图片是网店的基础。具有视觉冲击力和吸引力的商品图片不仅能在众多商品图片中脱颖而出，而且能够提高店铺的流量和点击率。因此，优化商品图片是电商美工的必修课。

优化商品图片的方法有以下几种。

1. 多角度拍摄商品图片

在浏览店铺网页时，由于顾客不能直接接触到商品，所以需要店家提供多角度的商品图片展示商品，增加顾客在店铺中的停留时间，从而提高顾客的购买欲望，如图1-4所示。

图 1-4

2. 保证商品图片的清晰度

想要在众多的网店中吸引顾客，提高顾客的购买欲望，就必须要保证商品图片的清晰度。清晰的商品图片不仅能体现出商品的细节和相关信息，还能在很大程度上提高商品的耐看性和视觉冲击力。而质量差的图片不仅无法激发顾客的购买欲望，还会影响顾客对店铺的印象与评价，从而导致店铺信誉度的损失，如图1-5所示。

图 1-5

3. 突出商品图片的重点

在拍摄商品图片时，要突出商品图片的重点，使商品图片的主次分明，从而更好地表现商品，避免视觉混乱，如图1-6所示。

图 1-6

4. 提高商品图片的美观度

如果在制作图片时没有考虑到大众的审美，出现了构图问题，以致图片凌乱，缺乏美感，使得顾客没有停留的想法，这时需要提高商品图片的美观度，添加装饰和适当的文字，在修饰商品的同时还可以吸引消费者关注，如图1-7所示。

图1-7

1.4.2 设计店铺首页

店铺首页是店铺对最新产品、最新活动、主推商品等进行展示的区域，其作用是让消费者了解店铺和店铺内的商品信息，从而选择在店铺内进行消费。

店铺首页十分重要，所以需要根据不同时间段的节日或活动对店铺首页进行装修设计，让信息得到更新，使店铺保持新形象，如图1-8所示。

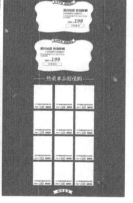

图1-8

1.4.3 制作活动海报

活动海报是店铺的一种广告宣传手段，在电商店铺中大量存在，其作用是把各种促销活动信息传递给消费者。制作出的精美的活动海报是每个电商美工的职责，精美的活动海报可以提高店铺的流

量，使店铺得到更多的关注，从而提高店铺的交易量，如图1-9所示。

图1-9

1.4.4 制作宝贝详情页

宝贝详情页是店铺中很重要的一个版块，它展示商品的形状、大小及商品细节，对商品做出详细的介绍，如图1-10所示。电商美工对宝贝详情页进行装修设计时，要突出商品的特点，再结合文字的描述，才能够全方位地展示商品，使顾客对商品有清晰的了解。

图1-10

1.5 店铺装修常用的图片格式

在装修电商店铺之前，需要了解店铺中会用到的图像文件格式。店铺装修常用的图片格式为PSD、GIF、JPEG、PNG。下面将分别进行介绍。

1. PSD图像格式

PSD是Photoshop图像处理软件的专用文件格式，支持图层、通道、蒙版和不同的色彩模式，是一种非压缩的原始文件保存格式。扫描仪不能直接生成该种格式的文件。PSD文件有时体积会很大，但由于可以保留所有原始信息，在图像处理中对于尚未制作完成的图像，选用PSD格式保存是最佳的选择。

2. GIF图像格式

GIF是一种图形交换格式，以8位色（即2^8=256种颜色）重现真彩色的图像。优点是如果对其进行压缩，可以在一定程度上保证图像质量，并将图像体积压缩得很小。GIF图像格式还支持透明效果和动画，但GIF图像的透明效果没有PNG图像的透明效果强。此格式适合于色彩单调且没有渐变的图片。GIF格式适合用于制作动画或网站装饰性小图，如图 1-11所示。

图 1-11

3. JPEG图像格式

JPEG是常用的一种图像存储格式，是有损压缩格式之一。这种格式能够将图像压缩在很小的存储空间中，但图像中重复或不重要的资料会部分丢失，造成数据损失，如图1-12所示。

图 1-12

技巧与提示

JPEG是存储数码照片最常用的格式，色彩还原度极高，可以在照片失真不明显的情况下尽可能地压缩体积。因此对显示要求比较高的商品图片来说，JPEG格式是优先选择。注意，JPEG格式不支持Alpha通道透明。

4. PNG图像格式

PNG是便携式网络图片格式，是一种无损压缩的位图图形格式，允许使用类似于GIF格式的调色技术，支持真彩色图像，并具备Alpha通道透明的优点，如图 1-13所示。PNG重复保存不会影响图片质量，一般对小图来说，PNG占用的存储空间较小，如网站的Logo等。

图 1-13

1.6 本章小结

本章所讲解的是电商美工必备的知识，通过对本章内容的学习，相信各位读者对电商美工的相关知识有了一个初步的认识，熟练掌握这些基础知识能为我们日后的美术设计打下良好的基础。

第**2**章

色彩、文字、版式

内容摘要

　　电商店铺的装修离不开色彩、文字和版式三大要素，买家首先会被店铺中的色彩吸引，然后会通过文字介绍了解店铺的产品信息等内容，版式可以吸引买家的注意力。因此，了解色彩、文字和版式的相关基础知识对店铺装修至关重要。本章将详细讲解色彩、文字和版式的各项内容，帮助读者为后期的店铺装修和美化打好基础。

课堂学习目标

- 了解色彩搭配
- 熟悉常用字体
- 了解版式设计

2.1 色彩的搭配

色彩是人们对客观世界的一种感知，物体的色彩与形状一同作为基本的视觉反映，存在于人类日常生活的各个方面。色彩是人类通过眼睛、大脑和生活经验对光线产生的一种视觉效应。本节将对色彩的分类、要素和对比等基础内容进行详细讲解。

2.1.1 色彩的分类

在千变万化的色彩世界中，人们视觉感受到的色彩非常丰富，分为原色、间色和复色3种，但就色彩的系别而言，则可以分为有彩色系与无彩色系两大类。

1. 有彩色

有彩色指的是带有某一种标准色倾向的色，光谱中的全部色都属于有彩色，有彩色以红、橙、黄、绿、蓝、紫为基本色，基本色之间不同量的混合，以及基本色与黑、白、灰（无彩色）之间不同量的混合会产生成千上万种有彩色，如图 2-1所示。

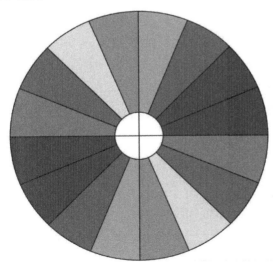

图 2-1

有彩色中的任何颜色都具有三大要素，即色相、明度和纯度，因此在制作图像的过程中，根

据有彩色的特性，通过调整其色相、明度及纯度间的对比关系，或通过各色彩面积调整，可以搭配出色彩斑斓、变化无穷的网店装修效果，如图 2-2所示。

图 2-2

2. 无彩色

在色彩的概念中，很多人都习惯把黑、白、灰排除在外，认为它们是没有颜色的，其实在色彩的秩序中，黑色、白色及各种深浅不同的灰色都被称为无彩色。在给网店配色的过程中，为了追求某种意境或氛围，有时也会使用无彩色来进行搭配。无彩色没有色相，只能以明度的差异来区分，无彩色没有冷暖的色彩倾向，因此也被称为中性色。

无彩色中的黑色是所有色彩中最暗的色彩，通常给人以沉重的印象，而白色是无彩色中最容易受到环境影响的一种颜色，画面中白色的成分越多，画面效果就越简洁，如图 2-3所示。灰色是网店装修中用来调整画面色彩的一种颜色，可以给人以安全感和亲切感，如图 2-4所示。

图 2-3

图2-4

2.1.2 色彩三要素

色彩三要素指的是色彩的色相、明度和纯度，它们有不同的属性。下面对色彩三要素进行详细介绍。

1. 色相

色相是色彩的首要特征，是区别不同色彩的标准。色彩的成分越多，色彩的色相越不鲜明。

色相是由光的波长决定的，以红、橙、黄、绿、蓝、紫代表不同特性的色相，构成了色彩体系中的最基本色相，色相一般由纯色表示。色相是辨识色彩的基础元素，也是区别不同色彩的名称。在各色相之间插入中间色，即可得到不同色相数量的色相环，如12色相环、24色相环等，如图2-5所示。

为了便于说明与理解，色彩学家决定发展最基本的12色相环，并定义其中的色相为基础色相。12色相分别为黄、黄橙、橙、红橙、红、红紫、紫、蓝紫、蓝、蓝绿、绿、黄绿。

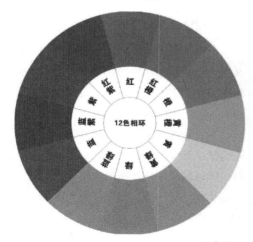

12色相环

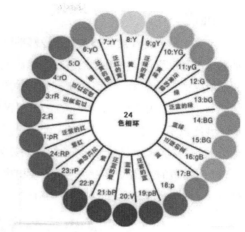

24色相环

图2-5

色相会对画面整体的情感、氛围和风格产生影响，如图2-6所示。

图2-6

2. 明度

明度即色彩的明暗，也即深浅。色彩的明度差别包含两个方面，一是某一色相的深浅变化，如粉红、大红、深红都是红，但是一种比一种颜色深；二是不同色相间存在的明度差别，如6种标准色中黄色最浅，紫色最深，橙色和绿色、红色和蓝色处于相近的明度之间。

明度越低，色彩越暗；明度越高，色彩越亮。如一些经营女装、儿童用品的电商店铺，用的是一些鲜亮的颜色，让人感觉绚丽多彩、生机勃勃。某些网店活动期间的宣传海报中同一色彩有着明显的明暗变化，如图2-7所示。

图2-7

3. 纯度

纯度也称为饱和度，通常是指色彩的鲜艳度。从科学的角度看，一种颜色的鲜艳度取决于这一色相反射光的单一程度。人眼能辨别的有单色光特征的色具有一定的鲜艳度。不同的色相不仅明度不同，纯度也不相同。

通常情况下，我们把色彩的纯度划分为9个阶段，7～9阶段的纯度为高纯度，4～6阶段的纯度为中纯度，1～3阶段的纯度为低纯度，如图2-8所示。

低纯度 ←——————————→ 高纯度

图 2-8

色彩的纯度与色彩成分的比例有直接的关系。色彩成分的比例越大，则色彩的纯度越高，反之，则色彩的纯度越低，如图2-9所示。

纯度高的页面效果

纯度低的页面效果

图 2-9

2.1.3 色彩的对比

色彩对比主要是指色彩的冷暖对比。从色调上划分，色彩可以分为冷调和暖调两大类。红、橙、黄为暖调，青、蓝、紫为冷调，绿为中间调。色彩对比的规律是，在暖调环境中，冷调的主体醒目；在冷调环境中，暖调的主体突出。色彩对比除了冷暖对比之外还有色相对比、纯度对比和明度对比等。

1. 冷暖对比

冷色和暖色是一种色彩感觉，如朱红比玫瑰红更暖些，柠檬黄比土黄更冷些。画面中的冷色和暖色的分布比例决定了画面的整体色调，就是通常说的暖色调和冷色调。使用冷暖对比色可使画面更加有层次感，利用冷暖差别形成的色彩对比称为冷暖对比。

色彩的冷暖对比分为极强对比、强对比、中对比和弱对比。极强对比是指暖极与冷极的对比；强对比是指暖极对应的颜色与冷色区域的颜色进行对比；中对比是指暖极和中性微暖或中性微冷区域的颜色进行对比；弱对比是指暖极与暖色、冷极与冷色、暖极与中性微暖色、冷极与中性微冷色的对比。冷暖对比的页面效果如图2-10所示。

图 2-10

2. 色相对比

色相对比是指将不同色相的色彩组合在一起，由其产生的对比效果来创造出鲜明对比的一种手法。色相所形成的对比效果与色相在色相环中的距离有关，距离越远，效果越强烈。

在设计配色时，可以将色相环中的任意色相作为某个页面的主色，通过与其他色相组合进行配色，可以构成原色之间的对比、间色对比、补色对比和邻近色对比等，用于表现网店页面色彩色相之间的不同程度的对比效果。

（1）原色对比

红、黄、蓝三原色是12色相环上最基本的3种颜色，它们不能由其他颜色混合而产生，却可以混合出色相环上所有其他的颜色。红、黄、蓝表现了强烈的色相气质，它们之间的色相对比较为强烈，如图2-11所示。

图 2-11

（2）互补色对比

在12色相环中相对（相隔180°）的颜色称为互补色。把互补色放在一起，会给人强烈的排斥感，如红与绿、蓝与橙、黄与紫互为补色，如图2-12所示。

图 2-12

技巧与提示

电商美工在使用互补色时，通常是以一种颜色为主色，其补色作为点缀，在页面中起到画龙点睛的作用。

（3）间色对比

由两种原色调配而成的颜色称为间色或二次色。红+黄=橙，黄+蓝=绿，红+蓝=紫，橙、绿、紫3种色就是间色，其色相相对比较柔和，自然界中许多植物的色彩呈现间色，许多果实都是橙色或黄橙色的，紫色的花朵也比较常见。间色对比的页面效果如图2-13所示。

图 2-13

（4）邻近色对比

在色相环上相隔15°～30°的颜色的对比称为邻近色对比。虽然它们在色相上有很大差别，但在视觉上比较接近，属于较弱的色相对比，如图2-14所示。

图 2-14

3. 纯度对比

色彩的纯度对比包含纯度弱对比、纯度中对比和纯度强对比。其中纯度弱对比的画面视觉效果比较弱，形象的清晰度较低，适合长时间及近距离观看；纯度中对比较和谐，画面效果含蓄丰富，主次分明；纯度强对比画面对比明朗、富有生气，色彩认知度也较高，如图2-15所示。

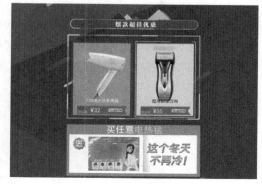

图 2-15

4. 明度对比

明度不仅取决于照明的强度，而且取决于物体表面的反射系数。明度对比是色彩的明暗程度对比，也称色彩的黑白度对比。明度对比是色彩构成的重要因素，色彩的层次与空间关系主要依靠色彩的明度对比来表现。

在同一色相、同一纯度的颜色中，混入的黑色越多，明度越低；相反，混入的白色越多，明度越高。利用明度对比，可以充分表现色彩的层次感、立体感和空间关系，如图2-16所示。

图 2-16

2.1.4 页面常见配色方法

色彩的搭配是一门艺术,灵活运用色彩搭配能够让页面更具亲和力和感染力。在对页面进行色彩搭配时,需要选择与店铺经营类目相符的颜色,才能营造出整体的协调感。在为店铺搭配颜色时,需要遵循两大色彩搭配原则。

1. 根据店铺经营类目选择整体色调

在配色时要根据店铺经营类目确定占大面积的主色调。如儿童用品可以选择粉色、黄色、橙色等偏暖色的纯色,如图 2-17所示。使用暖色作为整体色调,可以给人可爱、活泼的感觉;反之,如果选择灰色、黑色等冷色,就会显得过于沉闷和朴素,给买家一种压迫感,导致买家不愿意购买。因此,在选择店铺的整体色调时,要根据店铺经营类目所表达的内容来决定。

图 2-17

2. 配色时要有重点

在为店铺配色时,可以将某个颜色作为重点色,从而使整体搭配平衡。重点色要使用比其他色调更强烈的颜色,适用于小面积,可以与整体色调形成对比,通常可以将页面中的文字部分颜色作为重点色,如图 2-18所示。

图 2-18

2.1.5 主色、辅助色与点缀色

色彩是人对店铺的第一感觉,好的色彩搭配可以掩盖缺陷,而不好的色彩搭配则会引起浏览者的不适。一般情况下,店铺页面的色彩不超过3种,包括主色、辅助色和点缀色,如图 2-19所示。

图 2-19

1. 主色

主色是决定画面风格走向的颜色,在店铺的色彩中占主要部分。主色并不是只能有一种颜色,它还可以是一种色调,最好选择同色系或邻近色中的1~3种颜色,只要能够保持协调就可以了。

在搭配主色时,有以下几个技巧。

- 饱和度高的颜色一般作为主色。
- 深颜色一般为主色。
- 面积大的颜色一般为主色。
- 视觉中心所呈现的颜色一般为主色。

2. 辅助色

辅助色的功能是辅助主色,能够使画面更完美,在店铺的色彩中占次要部分。使用辅助色可以使店铺的色彩更丰富,更显优势。辅助色也不是只能有一种颜色，可以多色辅助。

在搭配辅助色时，要注意以下几点。

- 选择同类色或邻近色作为辅助色。
- 选择对比色作为辅助色。
- 背景色是一种特殊的辅助色。

3. 点缀色

点缀色的主要作用是引导阅读、装饰画面，从而营造出独特的画面风格，在店铺的色彩中占比最低。点缀色也可以有1~3种颜色，但要以一种颜色为主，其他为辅，才能使整体更加协调。

在搭配点缀色时，要注意以下几点。

- 点缀色一般用饱和度和明度较高的颜色。
- 点缀色可以以分散形式在画面中重复出现。
- 使用视觉冲击力较强的颜色作为点缀色，可以让页面绽放光彩。

2.2 电商文字

文字是电商店铺的重要组成部分，不仅可以传达产品信息，还可以美化店铺的各个页面，强调店铺主题。

2.2.1 页面常用字体

字体就是文字的风格样式，如汉字的楷体、宋体等。字体也是文化的载体，不同字体给人的感觉也不同。

在电商美工设计中，文字的表现与商品的展示同样重要，它可以对商品、活动、服务等的信息进行及时的说明和指引，并且通过合理的设计和编排，让信息传递更加准确，如图2-20所示。

图2-20

在电商店铺的页面中，常使用宋体、楷体、黑体、方正兰亭中黑等字体。图2-21所示的页面中使用的字体有楷体和黑体。

图2-21

技巧与提示

文字较多的正文部分不能使用笔触过粗的字体。正文部分内容比较多，文字字号较小，为了让浏览者能够快速清晰地阅读文字信息，可以使用笔触较细的字体。

2.2.2 电商字体设计

在美化店铺时，常遇到原有的字体无法满足美工对店铺页面表现的需求，这时就需要对字体进行设计。字体承载着设计者的理念和思想，设计者将思想和理念具象化，通过设计的具象形体表现出来。字体设计效果如图2-22所示。

图2-22

在美化店铺时，需要掌握好字体的设计方法，才能更好地装修店铺。

1. 字体嫁接

嫁接字体前需要了解文字体的结构，也就是笔画的组合形式。嫁接一般用在文字笔画的开始和结尾处，这样字体才会比较符合逻辑，使其显得更加张弛有力，同时也会使得嫁接更加自然，更容易把握其效果，中间区域也可以稍加修饰，使整体更加统一和谐，如图2-23所示。

图2-23

2. 图文结合

使用该方法可以基于字意所表达的情感，以图文的形式巧妙地把图像与字体结合起来，如图2-24所示。

图2-24

3. 横细竖粗

使用该方法可以将文字竖线统一加粗，横线统一加细，使文字的笔画简化，并将文字中的细节统一调整，如为文字加斜角、做连体等，使设计的字体更加和谐统一，如图2-25所示。

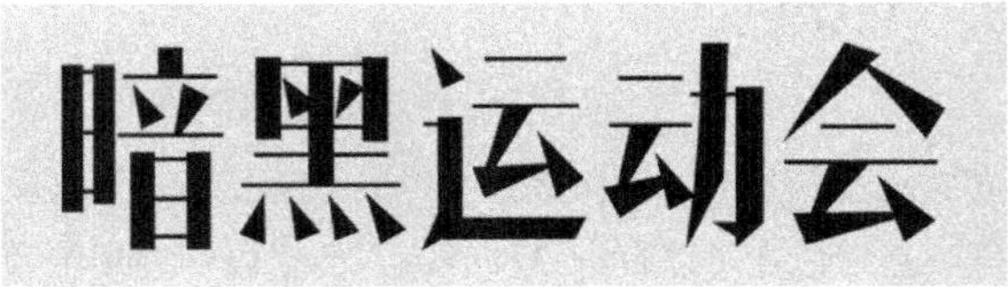

图2-25

4. 打断变形

使用该方法可以将一些整体闭合的字适当地断开一个缺口，或者把文字的笔画向一个方向统一变形，如图2-26所示。

图2-26

2.2.3 不同风格的字体效果

字体承载了设计者的思想和理念，就有了它自己的气质与性格，从而给画面带来了不同风格和感觉。在字体设计前应明确字体所要表现的风格和气质，设计字体时据此对文字的外形进行统一设计和调整。

1. 男性字体

男性字体给人以规整、粗狂、硬朗、刚毅、稳重挺拔的感觉，视觉冲击力强。文字外形体现出粗大、棱角分明、笔直和突出挺拔等特点。男性字体适合用于经营男性用品、男装、电器、机械、电子科技产品等的店铺中，如图2-27所示。

图 2-27

2. 女性字体

女性字体给人以秀丽柔美、奢华高档、优雅、柔软、细腻、知性的感觉。文字外形体现出柔软纤细、流畅苗条等特点。女性字体适合用于经营珠宝配饰、女性用品、化妆品、女装、母婴用品、婚庆用品等的店铺中，如图 2-28 所示。

图 2-28

3. 古朴风韵字体

古朴风韵字体给人以古雅、朴素无华、怀旧的感觉，并富有传统文化内涵。文字外形体现出浑厚、苍

劲有力、富有意境等特点。古朴风韵字体适合用于经营传统服饰、工艺品、家具、民族特色产品等的店铺中，如图 2-29 所示。

图 2-29

4. 年轻活力字体

年轻活力字体给人以活泼有趣、色彩明快、潮流前卫、生机盎然的感觉。文字外形体现出有趣、随意等特点。年轻活力字体适合用于经营新潮产品、潮流服饰、食品、电子产品等的店铺中，如图 2-30 所示。

图 2-30

2.3 版式设计

电商店铺中包含大量的图片、文字等信息，因此，合理地对店铺的版面进行设计，才可以装修出美观、漂亮的电商店铺。

2.3.1　常见的版面布局

好的版面布局能够更快、更准确地传达信息，是提高店铺点击率和商品销量的一个重要因素。因此，在装修电商店铺时，需要对商品页面的组成元素进行合理安排，组成各种不同的版面编排形式，以此来体现店铺的品位，从而达到吸引顾客的目的。

目前店铺的版面布局分为单向型版面布局、S曲线形版面布局、对称型版面布局、T形版面布局、"王"字形版面布局和POP型版面布局6种，下面分别进行介绍。

1.　单向型版面布局

单向型版面布局是普遍的页面布局方式，一般分为水平排列和竖直排列两种。竖直排列的单向型版面布局可以让画面产生稳定感，使版面条理更为清晰；而水平排列的单向型版面布局具有更强的条理性，也更符合人们的阅读习惯。一般情况下，为了让画面更丰富，往往会将水平排列和竖直排列的布局方式结合使用，如图2-31所示。

图 2-31

2.　S曲线形版面布局

在装修电商店铺时，为了营造一种曲折迂回的视觉感受，有时还会用到S曲线形版面布局方式，这样的版面布局可以让画面产生一定的旋律感，方

便顾客快速灵活地查看店铺的产品，从而增强设计感，如图2-32所示。

图 2-32

3.　对称型版面布局

对称型版面布局在商品详情页中经常会被用到，这种版面布局可以保证版面各构成元素之间的平衡感，使版面具有统一、规整的视觉效果，利用均衡的版面传递信息，如图2-33所示。

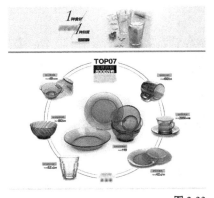

图 2-33

4.　T形版面布局

T形版面布局的页面顶部为店铺横条店招和首页海报，下方显示店铺商品内容，整个店铺版面布局类似英文字母T。T形布局是店铺设计中使用广泛的布局方式，如图2-34所示。

图 2-34

5. "王"字形版面布局

"王"字形版面布局与T形版面布局相似，其顶部结构一样为店铺店招和首屏海报，下方显示店铺商品内容，不同的地方是"王"字形版面布局中会有一个与网页同宽的海报或分类栏，如图2-35所示。

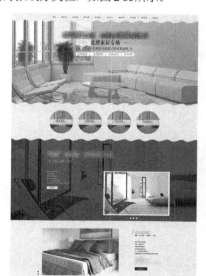

图 2-35

6. POP型版面布局

POP型版面布局是以一张精美的图片作为店铺首页的中心，常用于时尚化妆品和饰品类店铺网页。POP型版面布局的优点是精美漂亮，容易抓住消费者的眼球，缺点是显示的商品内容较少，如图2-36所示。

图 2-36

2.3.2 版面布局设计准则

店铺版面布局切忌繁杂，不要把店铺设计成门户类网站。虽然把店铺做成大网站看上去比较有气势，但是会影响买家的浏览体验。想要顾客在这么繁杂的一个店铺里找到自己想要的商品，是很困难的，复杂的布局会让人眼花缭乱。所以，不是所有可装修的地方都要装修，局部区域不装修反而效果更好。

在设计网店版面布局时，应该遵循以下设计准则。

1. 主题突出鲜明

版面布局设计的最终目的是使店铺页面产生清晰的条理，这样可以更好地突出主体，引起买家对店铺页面的注意，从而吸引买家。

2. 形式内容统一

店铺页面的版面布局设计所追求的表现形式必须符合页面所要表达的主题，这是版面布局设计的前提。没有文字的店铺很难表达主题。

3. 强化整体布局

在版面布局设计中，文字、图片与颜色是需要处理与编排的三大构成要素，必须对这三者之间的关系进行一致性考虑。

2.4 本章小结

本章介绍的是电商设计中的色彩、文字、版式相关的内容，这些内容都是与设计息息相关的知识，熟练掌握会对自身的设计审美有很大提高，从而间接提升自己的设计能力。

第 **3** 章

Photoshop**的基础操作**

---- 内容摘要 ----

　　Photoshop是一款优秀的图像编辑软件，在计算机图形设计领域应用十分广泛。使用Photoshop可以处理以像素构成的数字图像，也可以有效地进行图片编辑工作。Photoshop有很多功能，在图像、图形、文字、视频、出版等方面都有涉及。本章将详细讲解Photoshop的基础知识，包括软件知识、软件基本操作及图层和图片的二次构图操作，帮助读者为后期的店招、主图等的设计打下基础。

课堂学习目标

- 熟悉Photoshop基本操作
- 熟悉图层操作
- 掌握图片的二次构图

3.1 认识Photoshop图像处理软件

Photoshop CC 2019的工作界面比以往的版本改进了不少，界面划分更加合理，常用面板的访问和工作区的切换也更加方便。本节将详细介绍Adobe Photoshop CC 2019的工作界面。

3.1.1 认识Photoshop的工作界面

熟悉工作界面是学习Photoshop CC 2019的基础。熟练掌握工作界面的内容有助于读者日后得心应手地驾驭Photoshop。Photoshop CC 2019的工作界面主要由菜单栏、工具箱、属性栏、控制面板和状态栏组成，如图3-1所示。

图3-1

下面将对工作界面各部分进行简单介绍。

- 菜单栏：菜单中包含可以执行的各种命令，单击菜单名称即可打开相应的菜单。
- 属性栏：属性栏是工具箱中各个工具的功能扩展。在属性栏中设置不同的选项，可以快速地完成多样化的操作。
- 工具箱：包含用于执行各种操作，如创建选区、移动图像、绘画、绘图等的工具。
- 控制面板：控制面板是Photoshop CC 2019的重要组成部分。通过不同的功能面板，可以完成在图像中填充颜色、设置图层、添加样式等操作。
- 状态栏：可以显示文档大小、文档尺寸、当前工具和窗口缩放比例等信息。

3.1.2 工作界面的详细介绍

下面对Photoshop CC 2019的工作界面进行详细的介绍。

1. 菜单栏

菜单栏包含了11个菜单，分别是文件、编辑、图像、图层、文字、选择、滤镜、3D、视图、窗口和帮助，单击菜单名称即可打开相应的菜单，如单击"滤镜"，菜单中包含的用于添加效果的命令如图3-2所示。

图3-2

下面对菜单栏中各菜单进行详细介绍。

- 文件：可以执行新建、打开、存储、关闭、置入、导入、导出及打印等命令。
- 编辑：包含对图像进行编辑的命令，有还原、粘贴、拷贝、填充、描边和变换等命令。
- 图像：主要是对图像的模式、颜色、大小等进行设置。
- 图层：主要是对图层进行相应的操作，如新建图层、复制图层、设置图层样式、添加图层蒙版、将图层编组等。
- 文字：主要是对文字图层进行编辑和管理，包括消除锯齿、创建工作路径、转换为形状及栅格化文字图层等。
- 选择：主要是对选区进行操作，可以对选区进行反复的修改。

- 滤镜：主要是为图像设置不同的特效。
- 3D：主要是做一些立体的效果。
- 视图：可以对整个视图进行调整和设置，包括缩放视图、校样颜色、色域警告和显示标尺等。
- 窗口：主要用于控制Photoshop CC 2019工作界面中的工具箱和各个面板的显示和隐藏等。
- 帮助：为用户提供了使用软件的各种帮助信息。在使用Photoshop CC 2019的过程中，如果遇到问题，可以打开此菜单查看问题并及时地了解各种命令、工具和功能的使用。

2. 属性栏

在属性栏中可以对所选工具的属性进行设置，选择的工具不同，属性栏中的内容也会发生改变。单击工具箱中的"矩形选框工具" ，属性栏中显示的内容如图3-3所示；单击工具箱中的"图案图章工具" ，属性栏中显示的内容如图3-4所示。

图3-3

图3-4

3. 工具箱

工具箱是Photoshop CC 2019中一个巨大的工具"集合箱"，包含用于创建和编辑图像、图稿、页面元素的工具，如图3-5所示。工具箱位于工作界面的左侧，要想使用工具箱中的工具，只需要单击工具按钮，即可在文档窗口中使用。单击工具箱顶部的双右三角按钮 ，可以将工具箱切换为双排显示；单击工具箱顶部的双左三角按钮 ，可以将工具箱切换为单排显示，单排工具箱可以为文档窗口让出更多的空间。

默认情况下，工具箱停放在窗口左侧，将光标放在工具箱顶部的双右三角按钮 右侧或双左三角按钮 左侧，按住鼠标左键并向右侧拖动鼠标，可以将工具箱从左侧拖出，放在窗口中的任意位置。

若工具按钮的右下角有一个三角形，表示该工具按钮下还有其他的工具可以使用，在工具按钮上单击鼠标右键，可以显示其他工具，如图3-6所示，将光标移动到隐藏的工具上并单击鼠标左键，

即可选择该工具，如图3-7所示。

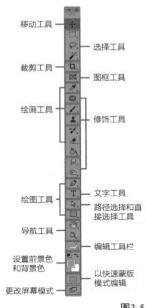

移动工具
选择工具
裁剪工具
图框工具
绘画工具
修饰工具
绘图工具
文字工具
路径选择和直接选择工具
导航工具
编辑工具栏
设置前景色和背景色
以快速蒙版模式编辑
更改屏幕模式

图3-5

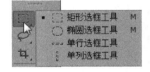

图3-6

图3-7

4. 控制面板

控制面板是Photoshop中不可或缺的重要部分，增强了Photoshop的功能并使其操作更为灵活。Photoshop CC 2019中的面板主要有"颜色"面板、"色板"面板、"样式"面板、"图层"面板、"通道"面板、"路径"面板、"历史记录"面板、"信息"面板、"属性"面板和"字符"面板等，其中"颜色"面板和"图层"面板如图3-8所示。

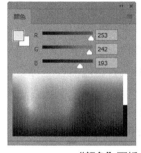

"颜色"面板

"图层"面板

图3-8

5. 状态栏

状态栏位于文档窗口的下方，它可以显示文档窗口的缩放比例、文档的大小、当前使用的工具等信息。单击状态栏中的 》按钮，打开状态栏菜单，可以在打开的菜单中选择状态栏中显示的内容，如图3-9所示。

图3-9

3.2 Photoshop基本操作

在认识了Photoshop软件的工作界面后，接下来需要了解Photoshop中的新建文档、打开和置入图像、存储图像、修改图片尺寸等基本操作。

3.2.1 新建文档

在Photoshop中不仅可以编辑一个现有的图像，还可以创建一个空白的文件，然后对它进行各种编辑操作。执行"文件"→"新建"命令或按Ctrl+N组合键，打开"新建文档"对话框，如图3-10所示，再设置对话框中的文件名称、大小、分辨率、颜色模式和背景内容等选项，然后单击"确定"按钮即可新建文件。

图3-10

下面对该对话框中各选项进行详细介绍。

- 未标题-1：可以根据需要设置文件的名称，也可以使用默认的文件名。创建文件后，文件名会自动显示在文档窗口的标题栏中。
- 宽度/高度：用来设置文件的宽度和高度。在各自的右侧的下拉列表中可以选择单位，如厘米、像素、英寸和毫米等。
- 分辨率：用来设置文件的分辨率。在右侧的下拉列表中可以设置分辨率的单位，包括像素/英寸、像素/厘米。
- 颜色模式：用来设置文件的颜色模式，包括位图、灰度、RGB颜色、CMYK颜色、Lab颜色。在右边的下拉列表中可以设置文件的位深度，包括8位、16位和32位。
- 背景内容：用来设置文件的背景，如白色、背景色和透明等。"白色"是默认的颜色。

3.2.2 打开和置入图像

要在Photoshop CC 2019中编辑一个图像文件，需要先将其打开。文件的打开方式有很多种，可以使用命令打开，也可以使用组合键打开。

1. 打开图像

执行"文件"→"打开"命令，会弹出"打开"对话框，选择一个文件或按住Ctrl键选择多个文件，如图 3-11所示，单击"打开"按钮或者双击文件即可将其打开，如图 3-12所示。

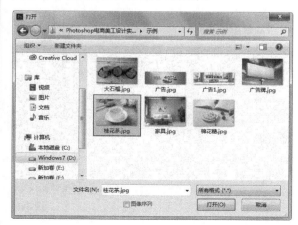

图 3-11

图 3-12

2. 置入图像

置入图像是将照片、图片等位图，以及AI、PDF等矢量文件作为智能对象置入Photoshop。可以执行"文件"→"置入嵌入对象"命令，打开"置入嵌入的对象"对话框，选择当前要置入的文件，如图 3-13所示，单击"置入"按钮或者双击文件即可将其置入Photoshop，如图 3-14所示。

图 3-13

图 3-14

3.2.3 存储图像

在图像处理过程中应及时保存图像文件，养成随时保存的习惯，以免因突然断电或者死机造成文件丢失。Photoshop提供了几个用于保存文件的命令，可以用不同的格式存储文件，以便其他程序使用。

- 用"存储"命令存储文件：当我们需要保存当前操作的文件时，执行"文件"→"存储"命令，或者按Ctrl+S组合键，保存所做的修改，图像会按照原来的格式保存。如果是一个新建的文件，则会弹出一个"另存为"对话框，在该对话框中设置文件保存的位置、文件名、文件保存类型，然后单击"保存"按钮即可。

- 用"存储为"命令存储文件：如果要将文件保存为另外的名称和其他格式，或者存储在其他的位置，执行"文件"→"存储为"命令，在打开的"另存为"对话框中保存文件，如图 3-15所示。

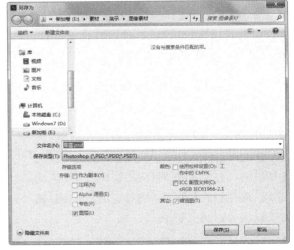

图 3-15

3.2.4 修改图片尺寸

使用"图像大小"命令可以调整图像的尺寸和分辨率。修改图像的尺寸不仅会影响图像在屏幕上的视觉大小，还会影响图像的质量及其打印特性，同时也决定了其占用多大的存储空间。

执行"图像"→"图像大小"命令，弹出"图像大小"对话框，设置图像大小参数，单击"确认"按钮，即可完成图片尺寸的修改，如图3-16所示。

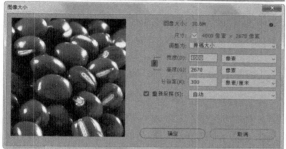

图 3-16

3.2.5　修改画布大小

画布是指整个文档的工作区域。使用"画布大小"命令可以通过修改"宽度"和"高度"参数修改画布的大小。

原图像的画布大小如图3-17所示，执行"图像"→"画布大小"命令，弹出"画布大小"对话框，设置画布大小的参数，如图3-18所示。

图 3-17

图 3-18

单击"确定"按钮，弹出提示对话框，提示需要裁切画布，单击"继续"按钮，如图 3-19所示，即可完成图像画布大小的修改，图像效果如图 3-20所示。

图 3-19

图 3-20

3.2.6　复制和粘贴操作

在装修网店时，有些商品需要卖家提供细节大图，从而让买家看清楚商品的细微之处。使用Photoshop中的复制和粘贴命令可以直接将商品图片中的某些细节复制出来，并对复制的图像进行放大操作，完成局部细节的展示。

打开图像文件，如图 3-21所示，在工具箱中选择"椭圆选框工具" ，在图像的合适位置按住鼠标左键拖曳光标，创建圆形选区，如图 3-22所示。在菜单栏中执行"编辑"→"拷贝"命令，复制选区内的图像，再执行"编辑"→"粘贴"命令，即可粘贴选区内的图像，如图 3-23所示。

图 3-21

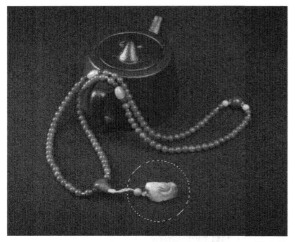

图 3-22

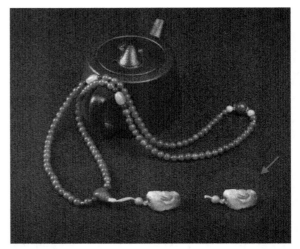

图 3-23

3.2.7　撤销和恢复

在编辑图像的过程中，出现错误的操作时，可以撤销操作，或者将图像恢复为最近保存过的状态。Photoshop为用户提供了很多恢复的功能，有了它们的存在，在编辑图像的时候可以大胆地操作。

1.　还原与重做

执行"编辑"→"还原"命令，或者按Ctrl+Z组合键，可以撤销对图像所做的最后一次修改，将其还原为上一步的编辑状态，如图 3-24所示。如果想要取消还原的操作，可以执行"编辑"→"重做"命令，或按Shift+Ctrl+Z组合键，如图 3-25所示。这里是以创建矩形选区操作为例的。

还原矩形选框(O)	Ctrl+Z
重做(O)	Shift+Ctrl+Z
切换最终状态	Alt+Ctrl+Z

图 3-24

还原图层可见性(O)	Ctrl+Z
重做矩形选框(O)	Shift+Ctrl+Z
切换最终状态	Alt+Ctrl+Z

图 3-25

2.　恢复

执行"文件"→"恢复"命令，可以直接将文件恢复到最后一次保存时的状态。

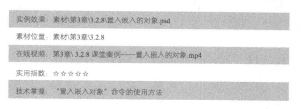

技巧与提示

"恢复"命令只能对已有图像进行恢复，如果是一个新建的空白文件，"恢复"命令是不能使用的。

3.2.8 课堂案例——置入嵌入的对象

实例效果：素材\第3章\3.2.8\置入嵌入的对象.psd

素材位置：素材\第3章\3.2.8

在线视频：第3章\ 3.2.8 课堂案例——置入嵌入的对象.mp4

实用指数：☆ ☆ ☆ ☆ ☆

技术掌握："置入嵌入对象"命令的使用方法

① 启动Photoshop CC 2019软件，选择本小节的素材文件"背景图.jpg"，将其打开，如图 3-26 所示。

图 3-26

② 执行"文件"→"置入嵌入对象"命令，打开"置入嵌入的对象"对话框，选择要置入的文件，如图 3-27所示。

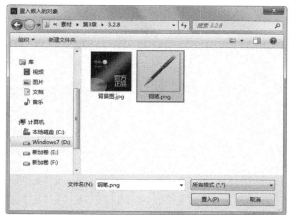

图 3-27

③ 单击"置入"按钮，将素材置入背景图，按 Ctrl+T组合键，对其进行自由变换，按Enter键确认，如图 3-28所示。

图 3-28

④ 此时在图层中可以看到置入的素材被创建为智能对象，如图 3-29所示。

图 3-29

3.3 Photoshop图层操作

图层是Photoshop的核心功能之一，它承载了大部分的编辑操作，如果没有图层，那么所有的图像都将处于同一个平面上，没有层次感。在本节中，将学习如何新建图层与图层组、合并与盖印图层、设置图层混合模式等内容。

3.3.1 新建图层与新建图层组

在"图层"面板中，可以通过各种方法来创建图层和图层组。本小节将学习图层和图层组的具体创建方法。

1. 单击"创建新图层"按钮新建图层

在Photoshop中，单击"创建新图层"按钮 ▣，可以直接在当前图层的上方新建一个图层，默认情况下，Photoshop会将新建的图层按顺序命名为"图层1""图层2""图层3"等，依此类推，图3-30和图3-31所示分别为"图层"面板和新建图层后的"图层"面板。

图3-30　　　　　　　　　图3-31

如果要在当前图层的下方新建一个图层，可以按住Ctrl键单击"创建新图层"按钮 ▣，如图3-32所示。

图3-32

技巧与提示

"背景"图层始终处于图层列表的底部，即使按住Ctrl键也不能在其下方新建图层。

2. 使用"新建"命令新建图层

如果想要创建图层并设置图层的属性，可以执行"图层"→"新建"→"图层"命令，或按住Alt键单击"创建新图层"按钮 ▣，打开"新建图层"对话框，如图3-33所示。

图3-33

技巧与提示

也可以直接按Shift+Ctrl+N组合键，打开"新建图层"对话框。

3. 在"图层"面板中新建图层组

单击"图层"面板中的"创建新组"按钮 ▣，可以创建一个空的图层组，如图3-34所示；单击"创建新图层"按钮 ▣，可以在新组下创建新图层，如图3-35所示。

图3-34　　　　　　　　　图3-35

4. 使用"新建"命令新建图层组

如果想要在创建图层组的时候设置组的名称、颜色、混合模式和不透明度等属性，可以执行"图层"→"新建"→"组"命令，打开如图3-36所示的"新建组"对话框，图3-37所示为设置后的效果。

图3-36

图3-37

技巧与提示

图层组默认的混合模式为"穿透"，它表示图层组不产生混合效果。如果选择其他的混合模式，则组中的图层会以该组的混合模式与下面的图层混合。

5. 从所选图层新建图层组

如果要为多个图层创建一个图层组，可以选择这些图层，如图 3-38所示，然后执行"图层"→"图层编组"命令，或按Ctrl+G组合键对其进行编组，如图 3-39所示，编组之后，单击组前面的右箭头图标 ▶ 可以展开图层组，如图 3-40所示。

图 3-38

图 3-39　　　　　　图 3-40

3.3.2 合并与盖印图层

图层、图层组与图层样式等都会占用计算机的内存和暂存盘。因此，为了减小文件占用的存储空间，可以将相同属性的图层合并与盖印图层。

1. 合并图层

如果要合并两个或多个图层，可以在"图层"面板中将它们选择，然后执行"图层"→"合并图

层"命令，合并出的图层使用最上面图层的名称，如图 3-41所示。

图 3-41

技巧与提示

合并图层可减少图层的数量，而盖印往往会增加图层的数量。

2. 盖印图层

盖印是比较特殊的图层合并方法，它可以将多个图层中的图像内容合并到一个新的图层中，同时保持其他图层完好无损。如果想要得到某些图层的合并效果，而又要保持原图层完整，盖印是较好的解决方法。

- 向下盖印：选择一个图层，按Ctrl+Alt+E组合键，可以将该图层中的图像盖印到下面的图层中，原图层内容保持不变。

- 盖印多个图层：选择多个图层，按Ctrl+Alt+E组合键，可以将选择的图层盖印到一个新的图层中，原有图层的内容保持不变。

- 盖印可见图层：按Ctrl+Alt+E组合键，可以将所有可见图层中的图像盖印到一个新的图层中，原有图层内容保持不变。

- 盖印图层组：选择图层组，按Ctrl+Alt+E组合键，可以将组中的所有图层内容盖印到一个新的图层中，原图层组保持不变。

3.3.3 图层混合模式

混合模式是一项非常重要的功能，它决定了像素的混合方式，可用于创建各种特殊的图像合成效果，但不会对图像内容造成任何破坏。

在"图层"面板中选择一个图层，单击面板顶部"正常"右侧的下箭头按钮 ∨，会弹出如图 3-42所示的混合模式下拉列表，通过选择不同的选项，即可得到不同的混合模式。

各种混合模式的意义如下。

- 正常：默认的混合模式，图层的不透明度为100%时，完全遮盖下面的图像，降低不透明度可以使其与下面的图层混合。

- 溶解：设置该模式并降低图层的不透明度时，可以使半透明区域上的像素离散，产生点状颗粒。

图 3-42

- 变暗：比较两个图层，当前图层中较亮的像素会被底层较暗的像素替换，亮度值比底层像素低的像素保持不变。

- 正片叠底：当前图层中的像素与底层的白色混合时保持不变，与底层的黑色混合时则会被其替换，混合结果通常是使图像变暗。

- 颜色加深：通过增大对比度来增强深色区域，底层的图像的白色保持不变。

- 线性加深：通过减小亮度使像素变暗，它与"正片叠底"模式的效果相似，但可以保留下面图像更多的颜色信息。

- 深色：比较两个图层的所有通道值的总和并显示值较小的颜色，不会生成第3种颜色。

- 变亮：与"变暗"模式的效果相反，当前图层中较亮的像素保持不变，而较暗的像素则被底层较亮的像素替换。

- 滤色：与"正片叠底"模式的效果相反，它可以使图像产生漂白的效果，类似于多个摄影幻灯片在彼此之上的投影。

- 颜色减淡：与"颜色加深"模式的效果相反，它可以通过减小对比度来加亮底层的图像，并使其颜色变得更加饱和。

- 线性减淡（添加）：与"线性加深"模式的效果相反。通过增大亮度来减淡颜色，亮化效果比"滤色"和"颜色减淡"模式都强烈。

- 浅色：比较两个图层的所有通道值的总和并显示值较大的颜色，不会生成第3种颜色。

- 叠加：可增强图像的颜色，并保持底层图像的高光和暗调，如图 3-43所示的两幅图像为原素材，图 3-44所示为使用"叠加"混合模式后的效果。

图 3-43

图 3-44

- 柔光：当前图层中的颜色决定了图像是变亮还是变暗。如果当前图层中的像素比50%灰色亮，则图像变亮；如果当前图层中的像素比

50%灰色暗，则图像变暗。产生的效果与发散的聚光灯照在图像上相似。

- **强光：** 当前图层中的像素比50%灰色亮，则图像变亮；如果像素比50%灰色暗，则图像变暗。产生的效果与耀眼的聚光灯照在图像上相似。

- **亮光：** 如果当前图层的像素比50%灰色亮，则通过减小对比度的方式使图像变亮；如果当前图像中的像素比50%灰色暗，则通过增大对比度的方式使图像变暗。可以使混合后的颜色更加饱和。

- **线性光：** 如果当前图层中的像素比50%灰色亮，则通过减小对比度的方式使图像变亮；如果当前图层中的像素比50%灰色暗，则通过增大对比度的方式使图像变暗。"线性光"模式可以使图像产生更大的对比度。

- **点光：** 如果当前图层中的像素比50%灰色亮，则替换暗的像素；如果当前图层中的像素比50%灰色暗，则替换亮的像素。这在向图像中添加特殊效果时非常有用。

- **实色混合：** 如果当前图层中的像素比50%灰色亮，会使底层图像变亮；如果当前图层中的像素比50%灰色暗，则会使底层图像变暗。该模式通常会使图像产生色调分离的效果。

- **差值：** 当前图层的白色区域会使底层图像产生反相效果，而黑色则不会对底层图像产生影响。

- **排除：** 与"差值"模式的原理基本相似，但该模式可以创建对比度更小的混合效果。

- **减去：** 可以从目标通道中相应的像素值上减去源通道中的像素值。

- **划分：** 查看每个通道中的颜色信息，从基色中划分混合色。

- **色相：** 将当前图层的色相应用到底层图像中，可以改变底层图像的色相，但不会影响其亮度和饱和度。

- **饱和度：** 将当前图层的饱和度应用到底层图像中，可以改变底层图像的饱和度，但不会影响其亮度和色相。

- **颜色：** 将当前图层的色相与饱和度应用到底层图像中，但保持底层图像的亮度不变。

- **明度：** 将当前图层的亮度应用于底层图像中，可以改变底层图像的亮度，但不会对其色相与饱和度产生影响。

3.3.4 图层样式

所谓图层样式，实际上就是由投影、内阴影、外发光、内发光、斜面和浮雕、光泽、颜色叠加、图案叠加、渐变叠加和描边等图层效果组成的集合，它能够将平面图形转化为具有材质和光影效果的立体物体。

在制作图像的过程中，如果要使用图层样式，可以执行"图层"→"图层样式"菜单下的子命令，或单击"图层"面板底部的"添加图层样式"按钮 ，在弹出的快捷菜单中选择一种样式，也可以在"图层"面板中双击需要添加图层样式的图层缩览图，此时会弹出"图层样式"对话框，如图3-45所示。

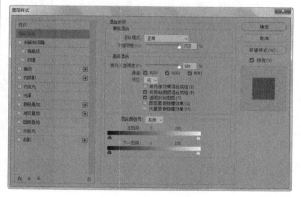

图 3-45

单击一种效果的名称，可以选中该效果，对话框的右侧会显示与之对应的样式设置。在对话框中设置效果参数以后，单击"确定"按钮即可为图层添加效果，这里以添加"内阴影"效果为例，如图3-46所示。

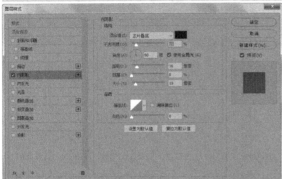

图 3-46

3.3.5 图层蒙版

图层蒙版是一个有256级色阶的灰度图像，它在图层的上方，起到遮盖图层的作用，然而其本身并不可见。图层蒙版主要用于图像的合成，此外，我们创建调整图层、填充图层或者应用智能滤镜时，Photoshop也会主动为其添加图层蒙版，因此，图层蒙版还可以控制颜色调整和滤镜范围。

创建图层蒙版的方法有很多，既可以直接在"图层"面板中创建，也可以从选区或图像中生成图层蒙版。

1. 在"图层"面板中创建图层蒙版

选择需要添加图层蒙版的图层，如图 3-47所示，单击"图层"面板底部的"添加图层蒙版"按钮 ▣，或执行"图层"→"图层蒙版"→"显示全部"命令，可以为当前图层添加图层蒙版，如图3-48所示。

如果在添加图层蒙版的同时按住Alt键，或执行"图层"→"图层蒙版"→"隐藏全部"命令，可以创建一个隐藏图层内容的黑色蒙版，隐藏全部的图像。

图 3-47   图 3-48

2. 从选区中生成图层蒙版

如果当前图像中存在选区，单击"图层"面板底部的"添加图层蒙版"按钮 ▣，或执行"图层"→"图层蒙版"→"显示选区"命令，都可以基于当前的选区为图层添加蒙版，选区以外的图像将被蒙版隐藏。

如果当前图像中存在选区，按照上述方法创建图层蒙版后，在蒙版缩览图中，选区部分以白色显示，非选区部分以黑色显示，图 3-49所示为存在选区的图像，图3-50所示为添加图层蒙版后的"图层"面板。

图 3-49

图 3-50

3.3.6 课堂案例——制作抵用券

实例效果：素材\第3章\3.3.6\制作抵用券.psd
素材位置：素材\第3章\3.3.6
在线视频：第3章\3.3.6 课堂案例——制作抵用券.mp4
实用指数：☆ ☆ ☆ ☆ ☆
技术掌握："图层样式"的使用方法

01 启动Photoshop CC 2019软件，选择本小节的素材文件"背景.jpg"，将其打开，如图 3-51所示。

图 3-51

02 执行"文件"→"置入嵌入对象"命令，打开"置入嵌入的对象"对话框，选择要置入的"水果.png"文件，调整其大小和位置，如图 3-52所示。

图 3-52

03 在"图层"面板中，选中"水果"图层，单击鼠标右键，在弹出的快捷菜单中选择"栅格化图层"选项，将"水果"图层栅格化，如图 3-53所示。

图 3-53

04 双击"水果"图层，弹出"图层样式"对话框，在对话框左侧勾选"投影"复选框，并设置"投影"参数，"混合模式"为"正片叠底"，颜色为#82867d，"不透明度"为60%，"角度"为90度，"距离"为16像素，"扩展"为0，"大小"为24像素，如图 3-54所示。

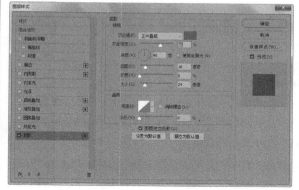

图 3-54

05 设置完参数后，单击"确定"按钮，水果的投影效果如图 3-55所示。

图 3-55

06 选择工具箱中的"横排文字工具" **T**，在画面中添加文字，效果如图3-56所示。

图 3-56

3.4 图片的二次构图

在处理商品图片时，经常需要裁剪图像，以便删除多余的部分，使画面的构图更加完美。使用裁剪工具和各种裁剪命令可以完成图像的裁剪。本节将详细讲解对图片进行二次构图的具体方法。

3.4.1 裁剪工具

使用"裁剪工具" **口** 可以对图像进行裁剪，重新定义画布的大小。选择"裁剪工具"后，属性栏中将显示相应的选项，如图3-57所示，在画面中按住鼠标左键拖曳出一个矩形定界框，可以将定界框之外的图像裁掉。

图 3-57

属性栏中各选项的含义如下。

- "比例"列表框：单击下拉按钮，可以在打开的下拉列表框中选择"比例""原始比例"等预设的裁剪选项。
- 拉直 **□**：如果画面内容出现倾斜（如拍摄照片时，由于相机没有端平而导致画面内容倾斜），可以单击"拉直"按钮，在画面中按住鼠标左键拖出一条直线，让它与地平线、建筑物墙面和其他关键元素对齐，便可将倾斜的画面校正。
- 叠加 **□**：在该下拉列表中可以选择裁剪参考线的样式及其叠加方式。裁剪参考线包含"三等

分""网格""对角""三角形""黄金比例""金色螺线"6种。

- 删除裁剪的像素：在默认情况下，Photoshop会将裁掉的部分保留在文件中。如果需要彻底删除被裁掉的部分，可以勾选该复选框，再进行裁剪操作。

3.4.2 按固定比例裁剪

在裁剪商品图片时，不仅可以自定义裁剪选区，还可以直接指定裁剪尺寸比例，对图片进行裁剪操作。

在"裁剪工具"属性栏中的"比例"下拉列表中选择一个约束选项，可以按一定比例对图像进行裁剪，如图3-58所示。

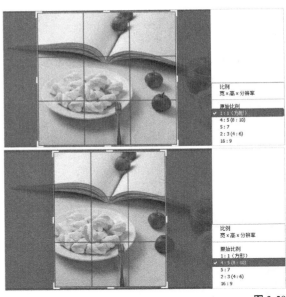

图 3-58

3.4.3 校正后裁剪

在拍摄照片时，如果由于相机没有端平而导致画面内容倾斜，那么可以使用Photoshop软件中的标尺工具和裁剪工具，对倾斜的图片进行校正和裁剪操作。

图 3-59所示为一张倾斜的照片，选择工具箱中的"标尺工具" **□**，按住鼠标左键沿着图像倾斜方向拖曳光标，拖曳至左下角边缘位置，如图3-60所示。

图 3-59

图 3-63

选择"裁剪工具" ，调整裁剪框，如图3-64所示，按Enter键确认，得到最终的效果，如图3-65所示。

图 3-64

图 3-60

释放鼠标左键后，在属性栏中将显示X、Y、W、H和A等参数的值，查看A参数，即角度的值，如图 3-61所示。执行"图像"→"图像旋转"→"任意角度"命令，弹出"旋转画布"对话框，设置"角度"为7.5，单击"确定"按钮，如图 3-62所示，即可对图像进行旋转操作，旋转后的图像效果如图3-63所示。

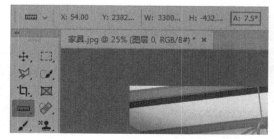

图 3-61

图 3-62

图 3-65

3.4.4　透视校正后裁剪

在使用广角镜头进行商品照片拍摄时，画面很容易产生透视变形，这时候就需要使用Photoshop软件对照片进行透视校正，并使用"裁剪工具" ，对校正后的图像进行裁剪操作。

打开一张透视变形的图片，如图 3-66所示，执行"编辑"→"变换"→"透视"命令，显示变换控制框，拖曳控制点，如图 3-67所示。

图 3-66

图 3-67

按Enter键确认，再选择"裁剪工具" ，调整裁剪框，如图 3-68所示，按Enter键确认，最终效果如图 3-69所示。

图 3-68

图 3-69

3.4.5　课堂案例——将图像裁剪为平面图

实例效果：	素材\第3章\3.4.5\将图像裁剪为平面图.psd
素材位置：	素材\第3章\3.4.5\广告牌.jpg
在线视频：	第3章\3.4.5 课堂案例——将图像裁剪为平面图.mp4
实用指数：	☆☆☆☆☆
技术掌握：	"透视裁剪工具"的使用方法

01 启动Photoshop CC 2019软件，选择本节的素材文件"广告牌.jpg"，将其打开，如图 3-70所示。

图 3-70

02 选择工具箱中的"透视裁剪工具" ，在图片上拖曳出一个裁剪框，如图 3-71所示。

图 3-71

03 调整裁剪框上的4个控制点，使其内部包含整个广告牌中的宣传内容，如图 3-72所示。

图 3-72

04 按Enter键确认裁剪操作，此时Photoshop会自动校正透视效果，使其成为平面图，最终效果如图3-73所示。

图 3-73

3.5 本章小结

本章所讲解的是Photoshop的基础操作，通过对本章内容的学习，读者能够简单地编辑图片。熟练掌握这些基础知识，能为我们日后的美术设计打下良好的基础。

3.6 课后习题

3.6.1 课后习题——置入火龙果图像

实例效果：素材\第3章\3.6.1\置入火龙果图像.psd	
素材位置：素材\第3章\3.6.1	
在线视频：第3章\3.6.1课后习题——置入火龙果图像.mp4	
实用指数：☆☆☆☆	
技术掌握："置入嵌入对象"命令的使用方法	

本习题主要练习执行"置入嵌入对象"命令，将火龙果素材图片置入背景图，最终制作出火龙果的主图，如图3-74所示。

图 3-74

步骤如图 3-75所示。

图 3-75

3.6.2 课后习题——裁剪主图

实例效果：素材\第3章\3.6.2\裁剪主图.psd

素材位置：素材\第3章\3.6.2\面条主图.jpg

在线视频：第3章\3.6.2课后习题——裁剪主图.mp4

实用指数：☆☆☆☆

技术掌握："裁剪工具"的使用方法

本习题主要练习使用"裁剪工具"，裁剪出主图中的主要食品，最终制作出食品的特写图，如图3-76所示。

图 3-76

步骤如图3-77所示。

图 3-77

第**4**章

使用Photoshop美化图片

内容摘要

为了将拍摄的商品照片效果呈现得更加完美，且吸引顾客浏览，增加店铺的成交量，需要使用Photoshop软件对商品图片进行美化操作，如去除图片瑕疵、纠正图片偏色问题及抠取图片中的商品等。本章将详细讲解使用Photoshop软件美化各种商品图片的相关内容，以帮助读者快速掌握图片的美化方法。

课堂学习目标

- 掌握去除图片瑕疵的方法
- 掌握纠正照片偏色问题的方法
- 熟悉抠图技法

4.1 去除图片瑕疵

在拍摄饰品和服装等各类商品照片的时候，大多数情况下产品或背景中都会存在一些细小的瑕疵，这些瑕疵会影响商品在画面中呈现的效果，这时就需要对这些细小的瑕疵进行去除，美化照片。

4.1.1 污点修复画笔工具

"污点修复画笔工具" 可以快速去除照片中的污点、划痕和其他不理想的部分。污点修复画笔工具的工作方式是使用图像或图案中的样本像素进行描画，并将样本像素的纹理、光照、透明度和阴影与要修饰的像素相匹配。

"污点修复画笔工具"可以自动从所修饰区域的周围取样。在选择"污点修复画笔工具" 后，属性栏中将显示相应的选项，如图4-1所示。

图 4-1

属性栏中各选项的含义如下。

- 模式：该选项用来设置修饰图像时使用的混合模式。除"正常""正片叠底"等常用模式以外，还有"替换"模式，该模式可以保留画笔描边边缘处的杂色、胶片颗粒和纹理，选择不同的模式则会出现不同的效果。

- 类型：该选项用来设置修复的方法。选中"近似匹配"类型时，可以使用选区边缘的像素来查找用来修饰选定区域的图像区域；选中"创建纹理"类型时，可以使用选区内的所有像素创建一个用于修饰该区域的纹理；选中"内容识别"类型时，可以使用选区周围的像素进行修饰。

- 对所有图层取样：如果当前文档中包含多个图层，勾选此复选框后，可以从所有可见图层中对数据进行取样；取消勾选，则只从当前图层中取样。

4.1.2 修饰工具

"修饰工具" 可以用其他区域或图案中的像素来修饰选中的区域，并将样本像素的纹理、光照和阴影与源像素进行匹配。修饰工具的特别之处是需要用选区来确定修饰范围。

在选择"修饰工具" 后，属性栏中将显示相应的选项，如图4-2所示。

图 4-2

- 选区创建方法：单击"新选区"按钮 ，可以创建一个新选区；单击"添加到选区"按钮 ，可以在当前选区的基础上添加新的选区；单击"从选区减去"按钮 ，可以在原选区中减去当前绘制的选区；单击"与选区交叉"按钮 ，可以得到原选区与当前创建的选区相交的部分。

- 修饰：包含"正常"和"内容识别"两种方式。

  正常：创建选区后，选择后面的"源"选项，将选区拖曳到要修饰的区域后松开鼠标左键，就会用当前选区中的图像修饰原来选中的内容；选择"目标"选项时，则会将选中的图像复制到目标区域。

  内容识别：选择该选项，可以在后面的"结构"和"颜色"选项中设置修补区域的精度。

- 透明：勾选此复选框，可以使修饰的图像与原始图像产生透明的叠加效果。

- 使用图案：使用"修饰工具" 创建选区后，单击该按钮，可以使用图案修饰选区内的图像。

4.1.3 用"内容识别"功能修饰图像

在修饰图像时，如果需要将多余的部分去除，或者对商品图片的边缘进行修饰，都可以使用"内容识别"功能实现。

执行"编辑"→"填充"命令，打开"填充"对话框，在"内容"下拉列表中选择"内容识别"选项，即可使用"内容识别"功能修饰选区内的图像，如图4-3所示。

选区边缘的一些细节。使用"羽化"命令可以对选区进行羽化操作，柔化图像。

可以先使用选框类工具创建出选区，再执行"选择"→"修改"→"羽化"命令，或者按Shift+F6组合键，在弹出的"羽化选区"对话框中设置选区的"羽化半径"。图4-4所示是设置"羽化半径"为50像素并去除背景后的图像效果。

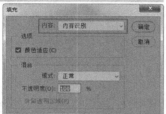

图4-3

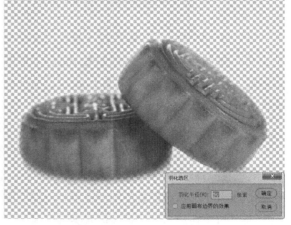

图4-4

4.1.4　羽化

"羽化"是通过建立选区和选区周围像素之间的转换边界来模糊边缘，使用这种模糊方式将丢失

4.1.5　修饰残缺商品

网店中的商品在长期的拍摄过程中难免会出现磨损，这样拍摄出来的商品照片会让顾客对商品的质量产生怀疑。因此，在后期处理过程中，需要使用"修复画笔工具" ■对商品的缺陷进行修补。

"修复画笔工具" ✐ 可以将样本像素的纹理、光照、透明度和阴影与要修饰的像素进行匹配，从而使修饰后的像素不留痕迹地融入图像的其他部分，如图4-5所示。

图 4-5

与"污点修复画笔工具" ✐ 一样，"修复画笔工具" ✐ 也可以利用图像或图案中的样本像素来绘画。在选择"修复画笔工具" ✐ 后，属性栏中将显示相应的选项，如图4-6所示。

图 4-6

属性栏中各选项的含义如下。

- 源：设置用于修饰像素的源。选中"取样"按钮时，可以使用当前图像的像素来修饰图像；选中"图案"按钮时，可以使用某个图案作为取样点。
- 对齐：勾选此复选框，可以连续对像素取样，即使释放鼠标左键也不会丢失当前的取样点；取消勾选，则会在每次停止并重新开始绘制时使用初始取样点中的样本像素。
- 样本：该选项用来设置从指定的图层中进行数据取样。

4.1.6 锐化商品图像

使用"锐化"功能可以快速聚焦模糊边缘，提高图像中某一部位的清晰度，且使商品色彩更加鲜明。

执行"滤镜"→"锐化"→"USM锐化"命令，在弹出的"USM锐化"对话框中设置锐化参数，即可对图像进行锐化，如图4-7所示。

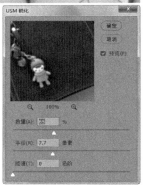

图 4-7

若对锐化效果不满意，可以再次执行"滤镜"→"锐化"→"锐化"命令，对图像进行锐化操作，如图4-8所示。

图4-8

 技巧与提示

还可以使用"锐化工具" 对图像进行锐化。

4.1.7　模糊商品图像

在商品照片拍摄的过程中，可以利用相机的光圈设置模糊背景，以突出要表现的商品。对于背景与主体商品同样清晰的照片，则需要通过后期处理对背景进行模糊。Photoshop中提供了多种不同的模糊工具和命令，应用它们可以完成照片的快速模糊。

选取商品的背景部分，执行"滤镜"→"模糊"→"高斯模糊"命令，弹出"高斯模糊"对话框，设置"半径"参数，即可模糊商品图像的背景部分，如图4-9所示。

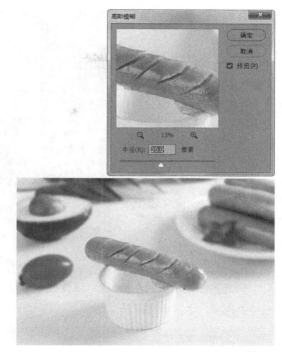

图4-9

技巧与提示

还可以使用"模糊工具" 对图像进行模糊处理。

4.1.8　减淡工具

在进行人像拍摄时，人物的眼睛周围可能会出现黑眼圈，影响整体的美感，也影响商品的整体效果。此时可以使用"减淡工具" ，使得照片中的某个区域变亮，如图4-10所示。

图4-10

图 4-10（续）

在选择"减淡工具"  后，属性栏中将显示相应的选项，如图 4-11 所示。

图 4-11

属性栏中各选项的含义如下。

- 范围：可以选择要修改的色调。选择"阴影"选项，可以处理图像中的暗色调；选择"中间调"选项，可以处理图像的中间调（灰色和中间范围色调）；选择"高光"选项，则可以处理图像的亮部色调。
- 曝光度：可以为减淡工具指定曝光度。该值越大，效果越明显。
- 喷枪 ：单击该按钮，可以为画笔开启喷枪功能。
- 保护色调：勾选该复选框，可以保护图像的色调不受影响。

4.1.9 加深工具

使用"加深工具"  可以对图像进行加深处理，其属性栏如图 4-12 所示。在某个区域中绘制的次数越多，该区域就会变得越暗，如图 4-13 所示。

图 4-12

图 4-13

4.1.10 液化工具

"液化"滤镜是修饰图像和创建艺术效果的强大工具，常用于照片的修饰。"液化"命令的使用方法比较简单，功能却相当强大，能创建推拉、旋转、扭曲和收缩等变形效果。执行"滤镜"→"液化"命令，可以打开"液化"对话框，在右侧面板中可以设置相关参数，如图 4-14 所示。

图 4-14

4.1.11 课堂案例——去除面部瑕疵

实例效果：素材\第4章\4.1.11\去除面部瑕疵.psd	
素材位置：素材\第4章\4.1.11\模特.jpg	
在线视频：第4章\4.1.11 课堂案例——去除面部瑕疵.mp4	
实用指数：☆☆☆☆☆	
技术掌握："污点修复画笔工具"和"修复画笔工具"的使用方法	

01 启动Photoshop CC 2019软件，选择本小节的素材文件"模特.jpg"，将其打开，如图 4-15 所示。

02 执行"图像"→"自动对比度"命令，自动调整图像的对比度，增强图像的层次感，如图 4-16 所示。

图 4-15

图 4-16

03 在工具箱中选择"污点修复画笔工具" ■，在图像上单击污点，即可将污点消除，如图 4-17所示。

图 4-17

04 采用相同的方法消除其他污点，完成后的效果如图 4-18所示。

图 4-18

05 选择"修复画笔工具" ■，将光标放在画面中，按住Alt键单击面部进行取样，如图 4-19所示，松开Alt键后在眼袋上单击，消除眼袋，最终效果如图 4-20所示。

图 4-19

图 4-20

4.2 纠正照片偏色问题

　　由于拍摄环境的光线和设备等外在因素的影响，拍摄出来的商品颜色与实际商品的颜色可能会稍有偏差。此时使用Photoshop中的各种调色命令对拍摄的商品照片进行调色处理，可以得到真实的商品效果，从而有效避免顾客因色差问题退货。

4.2.1 亮度/对比度

　　使用"亮度/对比度"命令可以对图像的色调范围进行调整，从而调暗背景的色调，使商品图片不会显得暗沉无光。

　　执行"图像"→"调整"→"亮度/对比度"命令，弹出"亮度/对比度"对话框，设置"亮度"和"对比度"参数，即可调整图像的色调，如图 4-21所示。

图 4-21

4.2.2 色阶

如果拍摄照片时光照不足，会导致照片色彩暗淡和主体不突出等问题。因此，为了更好地展示产品的效果，需要使用"色阶"命令对商品图片的亮度进行调整。

执行"图像"→"调整"→"色阶"命令，弹出"色阶"对话框，设置"输入色阶"参数，即可调整图像的亮度，如图4-22所示。

图 4-22

> **技巧与提示**
>
> 除了执行"色阶"命令打开"色阶"对话框外，还可以按Ctrl+L组合键快速打开。

4.2.3 曲线

"曲线"命令是Photoshop中强大的调整工具，它具有"色阶""阈值""亮度/对比度"等多个命令的功能，曲线上可以添加14个控制点，可以用来对色调进行非常精确的调整。

执行"图像"→"调整"→"曲线"命令，弹出"曲线"对话框，在曲线上单击可添加控制点，按住鼠标左键向上拖曳，即可调整图像的对比度，如图 4-23所示。

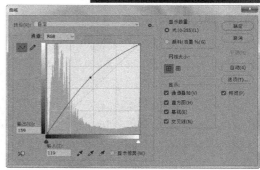

图 4-23

4.2.4 色相/饱和度

"色相/饱和度"命令可以调整图像中特定颜色分量的色相、饱和度和明度，或者同时调整图像中的所有颜色。"色相/饱和度"命令适合更换图片的整体色调。

执行"图像"→"调整"→"色相/饱和度"命令，弹出"色相/饱和度"对话框，修改参数，即可更改商品图片的色调，如图4-24所示。

图 4-24

4.2.5 色彩平衡

在调整商品照片的色彩时，可以使用"色彩平衡"命令进行调整，从而得到全新的商品照片色彩。

执行"图像"→"调整"→"色彩平衡"命令，弹出"色彩平衡"对话框，修改"色彩平衡"参数，即可调整商品照片的色彩，如图 4-25所示。

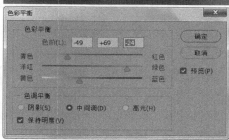

图 4-25

4.2.6 可选颜色

"可选颜色"命令是一个重要的调色命令，它可以在图像中的每个主要颜色分量中更改印刷色的量，并且不会影响其他主要颜色。

执行"图像"→"调整"→"可选颜色"命令，弹出"可选颜色"对话框，在"颜色"下拉列表中选择要修改的颜色，然后对下面的参数进行调整，可以调整该颜色中青色、洋红色、黄色和黑色的量增减的百分比，如图4-26所示。

图 4-26

4.2.7 曝光度

曝光度会直接影响商品图片的明暗程度，设置不当会导致展示效果不佳，因此需要合理地设置曝光度，以更好地呈现商品细节。使用"曝光度"命令可以设置曝光参数，使商品图片呈现出最佳状态。

执行"图像"→"调整"→"曝光度"命令，弹出"曝光度"对话框，设置"曝光度"参数，即可调整商品照片的曝光度，如图 4-27所示。

图 4-27

4.2.8 课堂案例——处理颜色暗淡的照片

实例效果：素材\第4章\4.2.8处理颜色暗淡的照片.psd

素材位置：素材\第4章\4.2.8\围巾.jpg

在线视频：第4章\ 4.2.8 课堂案例——处理颜色暗淡的照片.mp4

实用指数：☆ ☆ ☆ ☆ ☆

技术掌握："色阶"和"色相/饱和度"命令的使用方法

01 启动Photoshop CC 2019软件，选择本小节的素材文件"围巾.jpg"，将其打开，如图 4-28所示。

图 4-28

02 执行"图像"→"调整"→"色阶"命令，弹出"色阶"对话框，依次修改"输入色阶"各参数为0、1.58、240，如图 4-29所示。

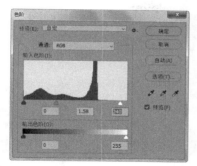

图 4-29

03 单击"确定"按钮，即可调整图像的色阶，图像效果如图4-30所示。

图 4-30

04 执行"图像"→"调整"→"色相/饱和度"命令，弹出"色相/饱和度"对话框，修改"色相"为–27，"饱和度"为20，"明度"为11，如图4-31所示。

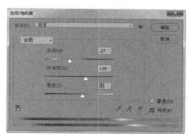

图 4-31

05 单击"确定"按钮，即可调整图像的色相、饱和度和明度，最终效果如图4-32所示。

图 4-32

4.3　商品图片的抠图处理

抠图是指将需要的主体从背景中抠出来，对于不同的照片可以选择不同的抠图方法。本节将详细讲解商品图片抠图的具体方法。

4.3.1　抠取不规则形状的图像

"磁性套索工具" 可以自动识别对象的边界，适合快速选择与背景对比强烈且边缘复杂的对象。使用"磁性套索工具" 可以将不规则形状的图形从背景中单独抠取出来。

"磁性套索工具"的属性栏如图4-33所示。

图4-33

- 宽度：宽度值决定了以光标中心为基准，光标周围有多少个像素能够被"磁性套索工具" 检测到。如果对象的边缘比较清晰，可以设置为较大的值。如果对象的边缘比较模糊，可以设置为较小的值。图4-34和图4-35分别是"宽度"设置为20像素和200像素时检测到的边缘。

图4-34

图4-35

- 对比度：该选项主要用来设置"磁性套索工具" 感应图像边缘的灵敏度。如果对象的边缘比较清晰，可以将该值设置得大一些；如果对象的边缘比较模糊，可以将该值设置得小一些。

- 频率：在使用"磁性套索工具" 创建选区时，Photoshop会生成很多锚点，该选项用来设置锚点的数量。数值越大，生成的锚点越多，捕捉到的边缘越准确，但是可能会造成边缘不够平滑。

- 使用绘图板压力以更改钢笔宽度 ：如果计算机配有数位板和压感笔，可以单击该按钮，Photoshop会根据压感笔的压力自动调节"磁性套索工具" 的检测范围。

选择"磁性套索工具" ，在图像上单击鼠标，确定起点锚点，沿着火锅边缘拖动鼠标指针，创建锚点，如图4-36所示。当光标移到第一个锚点上时，单击鼠标，即可将磁性套索路径封闭，同时自动创建选区，如图4-37所示。按Ctrl+Shift+I组合键，反选选区，按Delete键，可以删除选区内的背景图像，如图4-38所示。

图 4-36

图 4-37

图 4-38

4.3.2 从简单背景中抠图

在抠取图像时，如果图像的背景效果很简单，则可以使用"魔棒工具" ，快速选择色彩变化不大且色调相近的区域，进行图像抠取操作。

魔棒工具的属性栏如图4-39所示。

图 4-39

魔棒工具属性栏中的各选项含义如下。

- 取样大小：对取样点的范围大小进行设定。

- 容差：在此文本框中可输入0~255之间的数值来确定选取的范围。该值越小，选取的颜色就与鼠标单击的位置的颜色越接近，选区颜色的范围也就越小；该值越大，选区颜色的范围就越大。

- 连续：勾选该复选框时，只选择颜色连续的区域；取消勾选该复选框时，可以选择与鼠标单击点颜色相近的所有区域，当然也包括不连续的区域。

- 消除锯齿：用来模糊羽化边缘的像素，使其与背景像素之间产生颜色的过渡，从而消除边缘明显的锯齿。

- 对所有图层取样：用于有多个图层的文件，勾选该复选框后，能选取文件中的所有图层中颜色相近的区域，反之，只能选取当前图层中颜色相近的区域。

选择"魔棒工具" ，在图像的蓝色背景上单击鼠标左键，即可创建选区，按Delete键，删除选区内的蓝色背景图像，如图4-40所示。

图 4-40

列表中可以选择相应的路径对齐选项。

- 设置其他钢笔和路径选项 ⚙：单击该按钮，可以打开钢笔选项的下拉面板,面板中有"橡皮带"复选框,勾选后可以在绘制路径的同时观察路径的走向。
- 自动添加/删除：勾选该复选框后，可以智能增加和删除锚点。

　　选择"钢笔工具" ✐，在属性栏中设置"工具模式"为"路径"，沿着皮鞋边缘创建锚点，如图4-42所示，按Ctrl+Enter组合键，将路径转换为选区，按Ctrl+Shift+I组合键，反选选区，如图 4-43所示，按Delete键，删除选区内的背景图像，如图4-44所示。

图 4-42

图 4-43

图4-44

4.3.3　按边缘抠取图像

　　在抠取图像时，有的图像边缘呈现不规则形状，有直线，也有曲线。此时，可以使用"钢笔工具" ✐ 绘制曲线路径或直线路径来进行图像的抠取操作。

　　钢笔工具的属性栏如图4-41所示。

图4-41

　　"钢笔工具"属性栏中的各选项含义如下。

- 工具模式：该下拉列表中包括"形状""路径"和"像素"3个选项。
- 建立：该选项区域中包括"选区""蒙版"和"形状"3个按钮，单击相应的按钮，可以创建选区、蒙版和形状。
- 路径操作 ▣：单击该按钮，可以选择路径的运算方式。
- 路径对齐方式 ▣：单击该按钮，在弹出的下拉

4.3.4　抠取毛发图像

　　在给毛绒玩具商品图替换背景时，可以使用"选择并遮住"功能进行抠图，它可以最大程度地保留毛发细节，提高工作效率。

　　在毛绒玩具边缘创建选区，如图 4-45所示，在属性栏中单击"选择并遮住"按钮，进入"选择并遮住"界面，在"视图"下拉列表中选择"黑底"，如图 4-46所示。

图 4-45

图 4-48

图 4-46

勾选"智能半径"复选框，修改"半径"和"移动边缘"参数的值，如图 4-47所示。选择"调整边缘画笔工具" ✍️，在毛发边缘涂抹，细化毛发细节，如图 4-48所示。

在"属性"面板中设置"输出设置"，选择"新建带有图层蒙版的图层"选项，如图 4-49所示。单击"确定"按钮，在"图层"面板中复制一个图层并添加图层蒙版，如图 4-50所示。

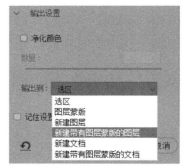

图 4-49

图 4-47

图 4-50

4.3.5 抠取光效图像

在电商页面设计中会经常使用光效图进行点缀，丰富画面的层次。光效图大部分都是深色背景，此时利用"混合颜色带"可以轻而易举地将光效图的背景隐藏，让下面的图像穿透当前的图层显示出来。

图 4-51所示为烟花素材，双击该素材所在的图层，打开"图层样式"对话框，在"混合颜色带"选项组中调整滑块，隐藏深色区域，如图4-52所示。

图 4-51

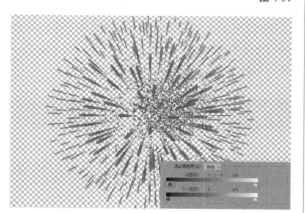

图 4-52

按住Alt键拖动滑块，可以将滑块分成两部分，分开操作，此时隐藏了烟花素材的深色背景，如图 4-53所示。

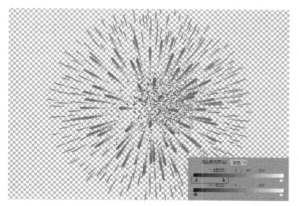

图 4-53

4.3.6 课堂案例——制作新鲜果橙主图

实例效果：素材\第4章\4.3.6\制作新鲜果橙主图.psd	
素材位置：素材\第4章\4.3.6	
在线视频：第4章\ 4.3.6 课堂案例——制作新鲜果橙主图.mp4	
实用指数：☆☆☆☆☆	
技术掌握："快速选择工具"的使用方法	

01 启动Photoshop CC 2019软件，执行"文件"→"打开"命令，选择本小节的素材文件"果橙.jpg"，将其打开，如图 4-54所示。

图 4-54

02 选择工具箱中的"快速选择工具" ，在空白处按住鼠标左键拖曳光标，创建选区，如图 4-55所示。

图 4-55

03 按Delete键，即可删除选区内的背景图像，如图 4-56所示。

图 4-56

04 按Ctrl+O组合键，打开"主图背景.jpg"素材，如图4-57所示。

图 4-57

05 选择工具箱中的"移动工具" ，将果橙图像窗口中的果橙移动至背景图像窗口中，如图4-58所示。

图 4-58

06 在果橙图层的下方新建图层，选择"画笔工具"并适当调整画笔的"不透明度"，在果橙的底部绘制黑色投影，如图4-59所示。

图 4-59

07 选中果橙，按Ctrl+T组合键，将果橙稍微放大，最终效果如图4-60所示。

图 4-60

4.4 本章小结

本章所讲解的是使用Photoshop美化商品图片的操作方法，如去除商品图片瑕疵、修补商品图片缺陷、更换商品图片色调、抠取商品图像等，足以让读者快速掌握美化商品图片的方法。

4.5 课后习题

4.5.1 课后习题——复制商品图像

实例效果：素材\第4章\4.5.1\复制商品图像.psd
素材位置：素材\第4章\4.5.1\童袜.jpg
在线视频：第4章\4.5.1课后习题——复制商品图像.mp4
实用指数：☆☆☆☆
技术掌握："修饰工具"的使用方法

本习题主要练习"修饰工具"的使用，复制画面中的商品图像，最终制作出饱满的画面效果，如图4-61所示。

图 4-61

步骤如图4-62所示。

图 4-62

4.5.2 课后习题——处理偏暗照片

实例效果：素材\第4章\4.5.2\处理偏暗照片.psd

素材位置：素材\第4章\4.5.2\面膜.jpg

在线视频：第4章\4.5.2课后习题——处理偏暗照片.mp4

实用指数：☆☆☆☆

技术掌握："亮度/对比度"和"曲线"命令的使用方法

本习题主要练习执行"亮度/对比度"和"曲线"命令，调整偏暗商品主图的色调，最终制作出色调明亮的主图效果，如图4-63所示。

图 4-63

步骤如图4-64所示。

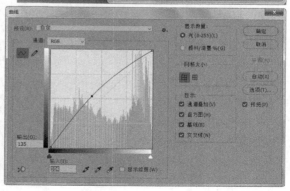

图 4-64

第 **5** 章

商品图像的合成与效果制作

---- 内容摘要 ----

　　电商店铺的不断增加让消费者有了更多的选择。对于电商店铺的店主来说，如何吸引消费者购买是首先要考虑的问题，而店铺商品的展示则是重中之重。本章将主要介绍电商店铺商品图像的投影和倒影的制作方法、商品图像的合成与特效制作技巧，用简单的方法将商品的特征突显出来。

---- 课堂学习目标 ----

- 掌握投影/倒影的制作方法
- 掌握图像的合成和特效的制作方法

5.1 投影/倒影的制作方法

在制作电商店铺页面时，除了需要对元素进行合理的排布以外，还需要根据产品的类型和摆放位置，添加合适的投影或倒影，使其效果更加逼真。本节分别讲解不同投影和倒影的制作方法，通过对本节的学习，读者可以掌握物体形状和投影、倒影之间的关系，无论在什么样的场景中，都能制作出物体真实的投影和倒影效果。

5.1.1 模糊投影

模糊投影是比较常见的一种投影，可以在Photoshop软件中使用"高斯模糊"命令或"图层样式"来制作。

在工具箱中选择"椭圆选框工具" ⚬ ，在图像上按住鼠标左键拖曳光标，绘制一个椭圆选区，如图 5-1所示。在椭圆选区内填充黑色，如图 5-2所示。执行"滤镜"→"模糊"→"高斯模糊"命令，弹出"高斯模糊"对话框，修改"半径"为8.2像素，单击"确定"按钮，如图5-3所示，为椭圆图形添加"高斯模糊"滤镜，图像效果如图5-4所示。

图 5-3

图 5-4

再执行"滤镜"→"模糊"→"表面模糊"命令，弹出"表面模糊"对话框，修改"半径"为22像素，"阈值"为175色阶，单击"确定"按钮，如图 5-5所示，即可为椭圆图形添加"表面模糊"滤镜，图像效果如图5-6所示。

图 5-1

图 5-2

图 5-5

图 5-6

在"图层"面板中选择投影所在的图层，修改"不透明度"参数为80%，得到最终的图像效果，如图 5-7所示。

图 5-7

技巧与提示

也可以打开"图层样式"对话框，勾选"投影"选项，并设置"投影"参数，制作投影效果。

5.1.2 渐变投影

渐变投影，顾名思义，就是用渐变做出的投影效果，可以使用"渐变工具"并结合"动感模糊"命令来实现。渐变投影与单色投影最大的区别在于渐变投影效果更加逼真，应用更加灵活。

首先在工具箱中选择"椭圆选框工具" ，在图像上按住鼠标左键拖曳光标，绘制一个椭圆选区，如图 5-8所示。然后选择"渐变工具" ，在属性栏中单击"点按可编辑渐变"按钮，弹出"渐变编辑器"对话框，设置色标1的颜色为

#1a0242，设置色标2的颜色为#4b01a8，单击"确定"按钮，如图 5-9所示。最后在属性栏中单击"线性渐变"按钮 ，在椭圆选区内按住鼠标左键拖曳光标，从左往右拖出一条直线，填充渐变色，如图 5-10所示。

图 5-8

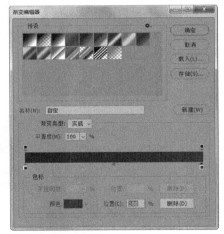

图 5-9

图 5-10

取消选区，执行"滤镜"→"模糊"→"动感模糊"命令，弹出"动感模糊"对话框，修改"角度"为10度，"距离"为119像素，单击"确定"按钮，如图5-11所示，即可为椭圆图形添加"动感模糊"滤镜，如图5-12所示。最后选中投影所在的图层，修改"不透明度"参数为70%，得到最终的图像效果，如图5-13所示。

5.1.3　扁平化长投影

扁平化长投影是将一个普通图形的投影放在45°方向上的效果，具有延伸效果，使用这样的效果可以使得整体的效果更具深度。

选择工具箱中的"矩形工具"，在属性栏中设置"工具模式"为"形状"，修改"描边"为"无"，"填充"为#8b7808到透明的渐变，在图像上按住鼠标左键拖曳光标，绘制一个矩形图形，如图5-14所示。选择矩形，按Ctrl+T组合键，显示变形定界框，右键单击变换定界框，弹出快捷菜单，选择"斜切"命令，拖动变形定界框上的控制点，改变矩形图形的形状，如图5-15所示。

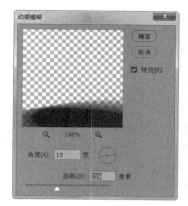

图 5-11

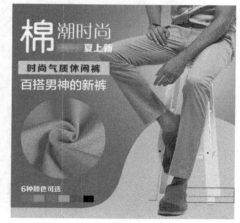

图 5-14

图 5-12

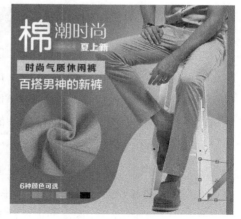

图 5-15

图 5-13

选择矩形图层，修改"不透明度"为88%，如图5-16所示。参照上述投影的制作方法，制作其他投影效果，最终的图像效果如图5-17所示。

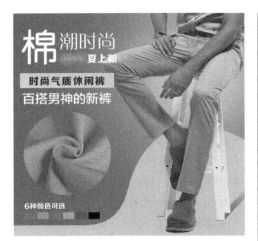

图 5-16

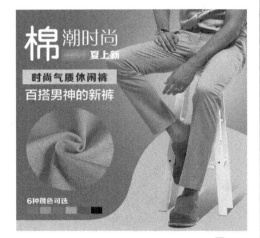

图 5-17

5.1.4 商品正视图的倒影

许多商品通常只会拍摄一个正视图，因此制作倒影时也只需做正视图水平方向上的倒影即可。在做海报、主图和详情页时都会经常用到倒影效果，它可以让商品更加立体并在视觉上更有空间感。

复制一个商品图层，执行"编辑"→"变换"→"竖直翻转"命令，竖直翻转图像，将竖直翻转后的图像移动至合适的位置，如图 5-18所示。选中复制的图层，在图层面板底部单击"添加图层蒙版"按钮 ▣ ，添加图层蒙版，如图 5-19所示。选择"渐变工具" ▣ ，选择"前景色到透明渐变"，在图像上按住鼠标左键并向上

拖曳，填充渐变色，并修改选择图层的"不透明度"为70%，得到最终的图像效果，如图 5-20所示。

图 5-18

图 5-19

图 5-20

5.1.5 圆柱体商品斜视图的倒影

很多商品的外形是圆柱体类，后期制作倒影时会遇到光线发散，投影边缘不在同一水平线上的问题，此时就需要通过Photoshop软件的"变形"功能来解决。

选择工具箱中的"矩形选框工具" ，在图像上按住鼠标左键拖曳光标，创建矩形选区，如图5-21所示。按Ctrl+J组合键，复制选区内的图像，执行"编辑"→"变换"→"竖直翻转"命令，竖直翻转图像，并将竖直翻转后的图像移动至合适的位置，如图5-22所示。按Ctrl+T组合键，显示变形定界框，右键单击变形定界框，执行"变形"命令，显示变形网格线，调整网格线的位置，改变图像的形状，如图5-23所示，按Enter键确认。

图 5-23

选中复制的图层，为其添加图层蒙版。选择"渐变工具" ，选择预设的"前景色到透明渐变"，在图像上按住鼠标左键向上拖曳光标，填充渐变色，如图5-24所示。修改选中的图层的"不透明度"为70%，得到最终的图像效果，如图5-25所示。

图 5-21

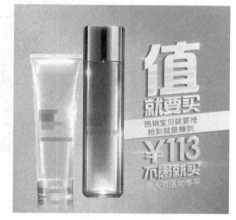

图 5-24

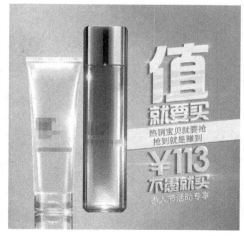

图 5-22

图 5-25

5.1.6　立方体商品斜视图的倒影

在工具箱中选择"多边形套索工具"，在图像上依次单击鼠标，创建套索路径，完成多边形套索选区的创建，如图 5-26所示。按Ctrl+J组合键，复制选区内的图像，执行"编辑"→"变换"→"竖直翻转"命令，竖直翻转图像，并将竖直翻转后的图像移动至合适的位置，如图 5-27所示。按Ctrl+T组合键，显示变形定界框，右键单击变形定界框，执行"斜切"命令，调整控制点的位置，改变图像的形状，如图 5-28所示。

图 5-26

图 5-27

图 5-28

选中复制的图层，为其添加图层蒙版。选择"渐变工具"▦，选择预设的"前景色到透明渐变"，在图像上按住鼠标左键向上拖曳光标，填充渐变色，如图 5-29所示。使用同样的方法制作侧面的倒影，最终效果如图 5-30所示。

图 5-29

图 5-30

5.1.7 课堂案例——制作女包倒影

实例效果：素材\第5章\5.1.7\制作女包倒影.psd	

实例效果：素材\第5章\5.1.7\制作女包倒影.psd

素材位置：素材\第5章\5.1.7

在线视频：第5章\ 5.1.7课堂案例——制作女包倒影.mp4

实用指数：☆☆☆☆☆

技术掌握："竖直翻转"命令和"渐变工具"的使用方法

01 启动Photoshop CC 2019软件，执行"文件"→"打开"命令，选择本小节的素材文件"背景.jpg"，将其打开，如图5-31所示。

图 5-31

02 执行"文件"→"置入嵌入对象"命令，在"置入嵌入的对象"对话框中选择要置入的"包.png"素材文件，如图5-32所示，单击"置入"按钮，将素材置入背景图。

图 5-32

03 按Ctrl+T组合键，对其进行自由变换，按Enter键确认，如图5-33所示，将其所在的图层栅格化。

图 5-33

04 选择"包"图层，按Ctrl+J组合键复制图层，执行"编辑"→"变换"→"竖直翻转"命令，竖直翻转图像，如图5-34所示。

图 5-34

05 选择工具箱中的"移动工具" ，将竖直翻转后的图像移动至合适的位置，如图5-35所示。

图 5-35

06 选择复制的图层，在"图层"面板底部单击"添加图层蒙版"按钮 ▣ ，添加图层蒙版，如图5-36所示。

图 5-36

07 选择"渐变工具" ▣ ，选择预设的"前景色到透明渐变"，在图像上按住鼠标左键向上拖曳光标，填充渐变色，如图5-37所示。

图 5-37

08 修改复制的图层的"不透明度"为70%，得到

最终的图像效果，如图5-38所示。

图 5-38

5.2 图像的合成和特效的制作方法

图像合成是Photoshop强大的功能之一，借助Photoshop强大的功能对商品图像进行合成，能够轻松制作出唯美大气、色彩艳丽的商品图，从而表达出商品想要体现的主题，丰富画面。本节将详细介绍电商店铺装修中常用的图像合成方法和特效的制作方法。

5.2.1 合成"钻出"屏幕效果

在电商店铺装修中，"钻出"屏幕的效果经常用到，尤其在电子产品方面使用得特别多，这种效果可以突显出电子产品的优势特征。其制作过程并不复杂，重要的是学会观察，对素材"钻出"屏幕部分进行精确选择，然后添加图层蒙版，就可以制作出这种效果。

打开两个素材，将其中一个素材拖曳到另一个素材画面中，并调整拖入的素材大小和位置，如图5-39所示。修改拖入的素材的"不透明度"为50%，选择"多边形套索工具" ▣ ，在图像上依次单击鼠标，创建出电脑屏幕的多边形选区，如图5-40所示。

图 5-39

图 5-41

图 5-40

图 5-42

再选择"磁性套索工具" ，按住Shift键，在猫咪头部边缘单击，沿着它的边缘移动光标，创建选区，完成加选选区的操作，如图 5-41所示。在"图层"面板底部单击"添加图层蒙版"按钮 ，为拖入的素材的图层添加图层蒙版，并将图层的"不透明度"修改为100%，效果如图5-42所示。

5.2.2 为商品图像制作绘画效果

使用Photoshop中的"滤镜"命令可以制作出各种各样的图像特效，如素描、油画、水彩、水粉等绘画效果，从而可以将普通的商品图像变为非凡的视觉艺术作品。

图 5-43所示为原图和原图层，按Ctrl+J组合键，复制"背景"图层，按Shift+Ctrl+U组合键，对该图像进行去色处理，如图 5-44所示。

图 5-43

图 5-44

选择复制的背景图层，再次复制图层，修改复制的图层的混合模式为"线性减淡（添加）"，如图 5-45所示。按Ctrl+I组合键，使图像反相，如图 5-46所示。

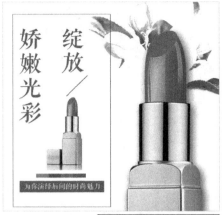

图 5-45

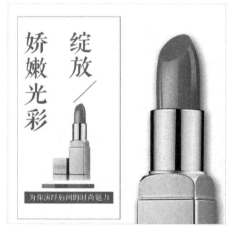

图 5-46

执行"滤镜"→"其他"→"最小值"命令，弹出"最小值"对话框，修改"半径"为3像素，如图 5-47所示，单击"确定"按钮，效果如图 5-48所示。

图 5-47

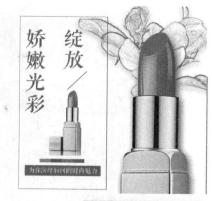

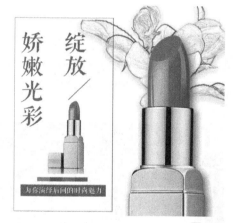

图 5-48

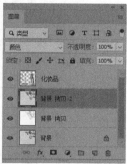

图 5-50

合并所有复制的图层，再复制"背景"图层，调整图层顺序，如图 5-49所示。修改复制的图层的混合模式为"颜色"，最终制作出的彩色素描效果如图 5-50所示。

5.2.3 添加光晕以体现商品协调性

光晕效果可以为商品图片增色。使用"镜头光晕"滤镜可以直接模拟出亮光进入相机镜头所产生的折射效果。

执行"滤镜"→"渲染"→"镜头光晕"命令，弹出"镜头光晕"对话框，在"镜头类型"选项区中选择"电影镜头"单选按钮，修改"亮度"为109%，单击"确定"按钮，即可为商品图像添加镜头光晕效果，如图 5-51所示。

图 5-49

图 5-51

图 5-51（续）

5.2.4　添加光线效果

为商品图添加适当的光线效果，可以为其增添梦幻感，同时将商品的特点呈现出来。绘制简单路径并使用画笔工具可以制作出光线效果。

首先选择"椭圆工具" ⬭ ，在属性栏中修改"工具模式"为"路径"，在图像上按住鼠标左键拖曳光标，绘制一个椭圆路径，如图 5-52所示。再选择"画笔工具" ✐ ，在属性栏中修改"大小"为3像素。最后使用"路径选择工具" ▸ ，在图像上选择椭圆路径，右键单击，打开快捷菜单，选择"描边路径"选项，弹出"描边路径"对话框，在"工具"列表框中选择"画笔"选项，勾选"模拟压力"复选框，如图 5-53所示，单击"确定"按钮，即可为路径描边，如图 5-54所示。

图 5-52

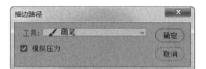

图 5-53

图 5-54

双击路径所在图层，弹出"图层样式"对话框，勾选"外发光"复选框，设置"外发光"参数，如图 5-55所示，最终光线效果如图 5-56所示。

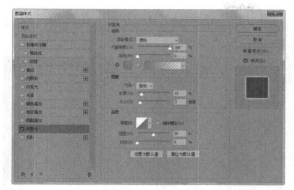

图 5-55

图 5-56

5.2.5　课堂案例——制作立体商品图

实例效果：素材\第5章\5.2.5\制作立体商品图.psd

素材位置：素材\第5章\5.2.5

在线视频：第5章\5.2.5 课堂案例——制作立体商品图.mp4

实用指数：☆☆☆☆☆

技术掌握：图层样式的使用方法

01 启动Photoshop CC 2019软件，执行"文件"→"打开"命令，选择本小节的素材文件"背景.jpg"，将其打开，如图5-57所示。

02 执行"文件"→"置入嵌入对象"命令，在"置入嵌入的对象"对话框中选择要置入的"笔记本.png"素材文件，如图5-58所示，单击"置入"

按钮，将素材置入背景图。

图 5-57

图 5-58

03 按Ctrl+T组合键，对其进行自由变换，按Enter键确认，如图5-59所示，将其所在的图层栅格化。

图 5-59

04 双击"笔记本"图层，打开"图层样式"对话框，勾选"投影"选项，设置"投影"参数，如图5-60所示，单击"确定"按钮，投影效果如图5-61所示。

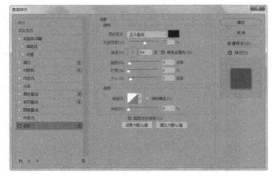

图 5-60

图 5-61

05 选择工具箱中的"多边形套索工具" ，在笔记本的下方创建选区，如图5-62所示。

图 5-62

06 按Ctrl+J组合键，复制选区内容，隐藏"笔记本"图层，效果如图5-63所示。

图 5-63

07 将复制的图层移至"笔记本"图层下方，并双击复制的图层，打开"图层样式"对话框，勾选"投影"选项，设置"投影"参数，如图5-64所示，单击"确定"按钮，投影效果如图5-65所示。

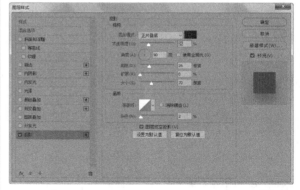

图 5-64

图 5-65

08 显示"笔记本"图层，再次使用"多边形套索工具" ，创建笔记本屏幕的选区，如图5-66所示。

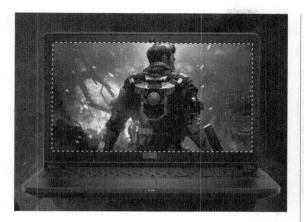

图 5-66

09 按Ctrl+J组合键，复制选区内容，生成"图层2"，双击"图层2"，打开"图层样式"对话框，勾选"投影"选项，设置"投影"参数，如图5-67所示，单击"确定"按钮，投影效果如图5-68所示。

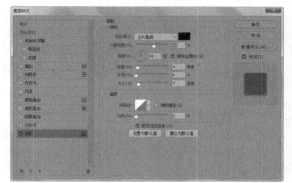

图 5-67

图 5-68

10 隐藏"图层2"，选择"笔记本"图层，使用

"磁性套索工具"，将屏幕中的人物创建为选区，如图5-69所示。

图 5-69

11 按Ctrl+J组合键，复制人物选区内容，生成"图层3"，并将人物选中，按Ctrl+T组合键，调整人物大小，最终效果如图5-70所示。

图 5-70

5.3　本章小结

本章详细介绍了制作各种投影、倒影及合成图像和制作特效的方法。通过对本章内容的学习，读者能够制作出内容丰富的商品图。熟练掌握这些方法和技巧，可以提高装修电商店铺的水平。

5.4 课后习题

5.4.1 课后习题——制作牙刷倒影

实例效果：素材\第5章\5.4.1\制作牙刷倒影.psd

素材位置：素材\第5章\5.4.1

在线视频：第5章\5.4.1课后习题——制作牙刷倒影.mp4

实用指数：☆☆☆☆

技术掌握："多边形套索工具"的使用方法

本习题主要练习多边形套索工具的使用，将牙刷素材置入背景，创建牙刷底部的选区，并使用"变形"命令调整底部形状，再使用"渐变工具"制作投影效果，最终画面效果如图5-71所示。

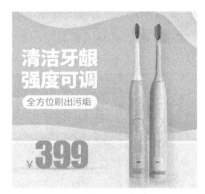

图 5-71

步骤如图5-72所示。

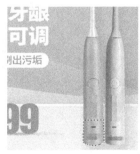
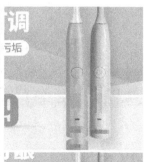

图 5-72

5.4.2 课后习题——制作笔记本宣传图

实例效果：素材\第5章\5.4.2\制作笔记本宣传图.psd

素材位置：素材\第5章\5.4.2

在线视频：第5章\5.4.2课后习题——制作笔记本宣传图.mp4

实用指数：☆☆☆☆

技术掌握："磁性套索工具"的使用方法

本习题主要练习磁性套索工具的使用，抠取笔记本屏幕与狮子头部并添加图层蒙版，最终效果如图5-73所示。

图 5-73

步骤如图5-74所示。

图 5-74

第**6**章

店铺首页设计

内容摘要

电商店铺的首页相当于实体店的门面，因此首页装修的好坏直接影响顾客的购物体验和店铺转化率。一个正常营业的店铺首页包含店招、导航条、海报、产品分类区及店铺页尾等板块，每个板块的设计侧重点不相同。本章将对店铺首页中的各个板块的设计方法进行详细讲解。

课堂学习目标

- 了解店铺首页制作规范
- 掌握店招的设计方法
- 掌握导航条的设计方法
- 掌握首页海报的设计方法
- 掌握辅助板块的设计方法

6.1　店铺首页制作规范

店铺首页是顾客进入店铺看到的第一个页面，能否在第一时间抓住顾客的眼球，延长顾客的停留时间，首页的创意设计至关重要，下面将对首页的具体内容进行详细介绍。

6.1.1　店铺首页内容

电商店铺首页包含店招、导航条、首页海报、收藏区、店铺页尾等内容，下面将分别进行介绍。

1.　店招

店招是电商店铺的招牌，可以表明店铺的名称，如图6-1所示。

图6-1

2.　导航条

导航条用于店铺产品的分类引导，在设计导航条时需考虑店铺产品共有几大类别，是否需要放品牌文案或重要活动专区等内容，如图6-2所示。

图6-2

3.　首页海报

海报在店铺中必不可少，首页海报起着宣传和导航的作用，如图6-3所示。

图6-3

4.　客服区

客服区一般出现在店铺首页的中间位置，用于显示店铺的客服信息，如图6-4所示。

图6-4

5.　收藏区

收藏区一般显示在首页的顶部或底部，在很多电商店铺的固定区域，都会用统一的按钮或者图标提醒顾客对店铺进行收藏，如图6-5所示。

图6-5

6.1.2　首页主要元素的摆放位置

设计店铺首页时，需要了解首页的整体结构，如海报、热销区、商品展示区等的摆放位置，下面将详细讲解首页中各个区域的摆放位置。

1.　海报

海报位于导航条的下方，是首页的第一视觉位置，因此面积较大，如图6-6所示。

图6-6

2. 热销区

热销区位于海报的下方，如图6-7所示，当店铺中有公告栏时，热销区则位于公告栏下方。

图 6-7

3. 商品展示区

店铺中的商品展示区紧挨着热销区，在热销区下方，商品展示区也可以根据需要和个人喜好摆放在其他位置，如图6-8所示。

图 6-8

6.1.3 首页布局介绍

店铺首页的布局方式有普通店铺首页布局和旺铺首页布局两种，下面将分别介绍。

1. 普通店铺首页布局

普通店铺的首页布局一般比较简洁明了，采用店招、分类区、活动展示区和首页焦点图等常用模块进行布局，如图6-9所示。

图 6-9

2. 旺铺首页布局

旺铺首页的布局在内容上比较丰富，排版也比较讲究，需要展示出旺铺高端、大气的风格，商品分类也非常全面，如图6-10所示。

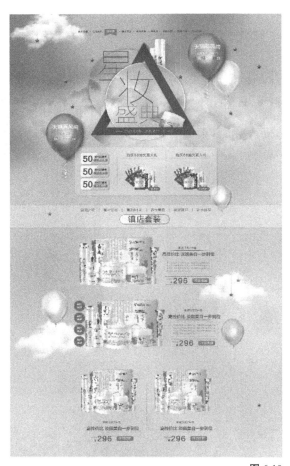

图 6-10

6.1.4　课堂案例——设计简约的　首页布局

实例效果：素材\第6章\6.1.4\设计简约的首页布局.psd
素材位置：素材\第6章\6.1.4\首页海报.jpg
在线视频：第6章\6.1.4 课堂案例——设计简约的首页布局.mp4
实用指数：☆☆☆☆☆
技术掌握：矩形工具、圆角矩形工具、椭圆工具、直线工具的使用方法

01 启动Photoshop CC 2019软件，执行"文件"→"新建"命令，新建一个1 920像素×3 949像素的文档，将画面背景颜色修改为#f6f6f6，如图6-11所示。

02 执行"文件"→"置入嵌入对象"命令，将素材文件"首页海报.jpg"置入，放到画面的顶部，如图6-12所示。

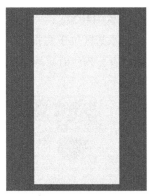

图 6-11

图 6-12

03 接着制作优惠券区域。选择工具箱中的"矩形工具"，在属性栏中设置工具模式为"形状"，"填充"为#a8bbb9，"描边"为无，在海报的下方绘制矩形，如图6-13所示。

图 6-13

04 继续使用"矩形工具"，在矩形左侧绘制两个较小的矩形，如图6-14所示。

图 6-14

⑤ 选择工具箱中的"横排文字工具" T，设置文字为黑体，适当调整文字的大小和颜色，在小矩形上方输入文本，如图 6-15所示。

图 6-15

⑥ 选择工具箱中的"多边形工具" ，在属性栏中设置"填充"为白色，"描边"为无，"边"为3，在"领券专享"文本右侧绘制三角形，如图6-16所示。

图 6-16

⑦ 将白色矩形内的所有内容创建为图层组，命名为"新品优惠券"。使用"横排文字工具" T 输入文本，制作优惠券，如图6-17所示。

图 6-17

⑧ 双击该文本图层，打开"图层样式"对话框，勾选"投影"选项，设置参数，如图6-18所示，单击"确定"按钮，文字投影效果如图6-19所示。

图 6-18

图 6-19

⑨ 继续输入文本，并绘制矩形与三角形，操作方法与之前相同，如图6-20所示。

图 6-20

⑩ 使用同样的方法绘制其他两个优惠券，如图6-21所示。

图 6-21

⑪ 选择工具箱中的"直线工具" ，在属性栏中设置"填充"为白色，"描边"为无，"粗细"为"1像素"，在优惠券之间绘制白色直线，如图6-22所示。

图 6-22

⑫ 新建"文字1"图层组，在图层组内制作其他内容。选择"椭圆工具" ，设置"填充"为#809c99，在优惠券区域的下方绘制两个圆形，并在圆形内和圆形右侧的位置输入文本，如图6-23所示。在下方继续输入文本，如图6-24所示。

图 6-23

图 6-24

⑬ 选择工具箱中的"钢笔工具" ，在属性栏中设置"填充"为无，"描边"为黑色，描边宽度为1像素，在黑色文字的左右两边绘制波纹，如图6-25所示。

⑭ 新建"文字2"图层组。使用"圆角矩形工具" ，在文字下方绘制圆角矩形，填充颜色为# 809c99。在右侧的"属性"面板中设置左下角和右上角的半径为"0像素"，将这两个角设置为直角，如图6-26所示。

图 6-25

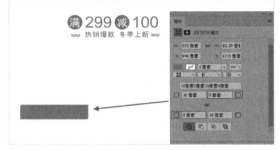

图 6-26

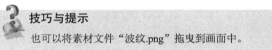

❓ **技巧与提示**

也可以将素材文件"波纹.png"拖曳到画面中。

⑮ 在该图形内部绘制一个白色的圆角矩形，如图6-27所示。

图 6-27

⑯ 在圆角矩形的内部和上方输入文本，如图6-28所示。

图 6-28

⑰ 使用"椭圆工具" ，在文字上方绘制小圆形，并在圆形内输入"特点"文本，新建"特色"图层组，将该圆形图层和文字图层拖入图层组，复制该图层组两次，并调整图形的位置，如图 6-29 所示。

图 6-29

⑱ 选择"直线工具" ，在属性栏中设置"填充"为无，"描边"为#809c99，描边宽度为"3点"，并设置描边类型为虚线，在大圆角矩形的下方绘制一条虚线，如图 6-30所示。

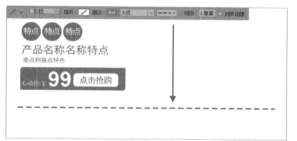

图 6-30

⑲ 复制"文字2"图层组，并将图形移动到虚线下方，再复制"文字1"图层组，同样将图形向下移动，并将黑色的文字改为"商品展示"，如图 6-31所示。

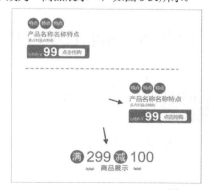

图 6-31

⑳ 创建"商品展示"图层组，制作商品展示区域，在"商品展示"文字下方绘制矩形，填充为浅绿色（#d9e1e0），如图 6-32所示。

㉑ 在浅绿色矩形中绘制几个小的矩形，如图 6-33所示。

图 6-32　　　　　　　　　　图 6-33

㉒ 在下方3个小矩形下方添加文本和"点击抢购"按钮，如图 6-34所示。

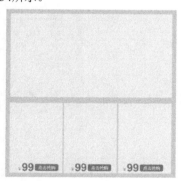

图 6-34

㉓ 最后绘制底部区域。在画面最底部绘制长条矩形，填充颜色为#a8bbb9，再绘制圆形，填充颜色为#a3b6b4，将圆形向下移动，如图 6-35所示。

图 6-35

㉔ 最后在圆形中添加文本，如图 6-36所示，首页最终效果如图 6-37所示。

图 6-36

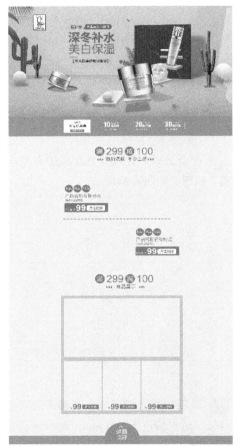

图 6-37

6.2　店招设计

　　店招是一个店铺的招牌，放在店铺的顶端，用来说明经营项目。本节将详细讲解店招的相关基础知识和制作方法。

6.2.1　店招的分类

　　店招是店铺品牌展示的窗口，是买家对店铺的第一印象的主要来源，其作用与实体店铺的招牌的作用相同，鲜明而有特色的店招对店铺的品牌形象和产品定位有着不可替代的作用。

　　在众多的店铺中，店招多种多样，具有不同的风格。店招的类别一般包含常规店招和通栏店招两种。

1.　常规店招

　　常规店招是普通店铺常用的店招，将常规店招上传到电商店铺页面中后，店招两侧将显示空白，如图 6-38所示。

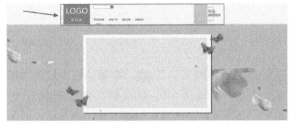

图 6-38

2.　通栏店招

　　通栏店招是电商旺铺中使用得较多的店招。将通栏店招上传到电商店铺页面中后，店招会根据设计的结果显示，如图 6-39所示。

图 6-39

6.2.2　店招设计的注意事项

　　为了让店招有特点且便于记忆，会在店铺设计中对店招的尺寸、格式等要素进行规范，本小节主要讲解店招设计中需要注意的事项。

1.　店招尺寸规范

　　店招有两种尺寸，常规店招的尺寸通常为950像素×120像素，而通栏店招的尺寸通常为1 920像素×150像素。

2. 店招格式规范

在电商店铺设计中，店招的格式分为3类，即JPEG、GIF和PNG。GIF格式的店招就是通常见到的带有动画效果的动态店招。

3. 店招设计要点

对于消费者而言，店铺的名称、特性、定位及店铺的介绍都可以通过店招呈现。因此在设计店招时要清楚两大设计要点。

- 与店铺色彩相搭配：在设计店招时，需要与店铺的颜色相搭配，不要与整个店铺的布局有太大差别，如图6-40所示。

图 6-40

- 明确消费群体：根据店铺销售的商品，明确消费群体，然后根据消费群体的心理来设计店招，便于在第一时间抓住顾客的注意力，让顾客记住店招传递出的信息。

6.2.3 店招包括的信息

店招中包含店铺Logo、店铺名称、店铺口号、收藏按钮、关注按钮、促销广告、优惠券、活动信息、店铺公告等，如图6-41所示。

图 6-41

6.2.4 店招的意义

店招出现在店铺首页最上方的关键位置，它在电商店铺的经营过程中有以下几个意义。

- 店招是店铺核心信息通告区，是整个店铺的黄金展示位，在这个重要的区域中，要把店铺最大的优势展现出来，如商品优势、服务优势、价格优势等，也可以在该区域中介绍促销活动或者推介单品。

- 店招可以引起买家的购物欲望，通过店招上的营销信息，吸引顾客的眼球。

6.2.5 课堂案例——店招制作

实例效果：素材\第6章\6.2.5\店招制作.psd
素材位置：素材\第6章\6.2.5
在线视频：第6章\6.2.5 课堂案例——店招制作.mp4
实用指数：☆☆☆☆☆
技术掌握：矩形工具、圆角矩形工具的使用方法

01 启动Photoshop CC 2019软件，执行"文件"→"新建"命令，新建一个1920像素×150像素的文件，如图6-42所示。

图 6-42

02 选择工具箱中的"矩形工具" ，设置填充颜色为#fdeaea，绘制一个与文档大小相同的矩形，在矩形底部再绘制一个长条矩形，填充颜色为#fcbfc9，如图6-43所示。

图 6-43

03 选择工具箱中的"圆角矩形工具" ，在左下角绘制一个较小的圆角矩形，填充颜色为#6c0f1c。执行"滤镜"→"模糊"→"高斯模糊"命令，在"高斯模糊"对话框中设置"半径"为1.7像素，如图 6-44所示。将圆角矩形稍微向下移动，效果如图6-45所示。

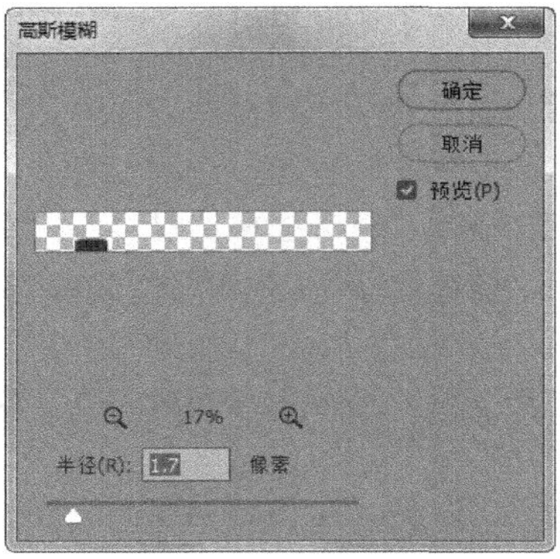

图 6-44

图 6-45

04 复制圆角矩形，将"高斯模糊"滤镜效果删除，并修改填充颜色为#f28696，将修改后的圆角矩形稍微向左移动，如图6-46所示。

图 6-46

05 在圆角矩形的内部输入白色文本，文字设置为黑体，如图6-47所示。

图 6-47

06 在右侧继续输入文本，文字颜色修改为#740833，制作导航条文字，如图6-48所示。

图 6-48

07 在文字之间绘制小圆形，如图6-49所示。

图 6-49

08 使用"圆角矩形工具" ，在店招右侧绘制两个圆角矩形，较大的圆角矩形填充颜色为#f28696，设置圆角半径为41.5像素，较小的圆角矩形填充颜色为#eaeaea，设置圆角半径为5像素，如图6-50所示。

图 6-50

09 在圆角矩形内部添加文本，如图6-51所示。

图 6-51

10 执行"文件"→"置入嵌入对象"命令，置入"商品.png"素材，调整位置和大小，如图6-52所示。

图 6-52

11 新建"爆款宝贝"图层组，将大圆角矩形及其内部的所有内容所在的图层都移至该图层组内，复制该图层组，并将复制的内容移至左侧，如图6-53所示。

图 6-53

⑫ 在"首页有惊喜"文本上方输入"LOGO"，设置文字为Arial，文本颜色为#f28696，如图 6-54所示。

图 6-54

⑬ 置入"花.png"素材，将其移至店招左侧，并调整位置，如图 6-55所示。

图 6-55

⑭ 复制花素材，先执行"编辑"→"变换"→"水平翻转"命令，水平翻转素材，再执行"编辑"→"变换"→"竖直翻转"命令，竖直翻转素材，移动素材至店招右侧，最终效果如图 6-56所示。

图 6-56

6.3　导航条设计

导航条用于显示商品的分类，可以方便浏览者快速访问所需要的商品或信息部分。本节将详细讲解各种导航条设计的具体方法。

6.3.1　导航条介绍

导航条是电商店铺中不可缺少的部分，它为访问者提供一定的途径，使其可以快速访问所需的内容。导航条的作用是让繁多的商品以一种有条理的方式清晰展示，并引导用户毫不费力地找到商品信息。为了让商品信息可以有效地传递给用户，导航条一定要简洁直观，如图 6-57所示。

图 6-57

6.3.2　导航条的设计要求

导航条在整个电商店铺中非常重要。在设计网店导航条的过程中，对其尺寸有一定的限制，一般规定导航条的尺寸为950像素×150像素。导航条的形式有很多种，常见的有图片导航条、按钮导航条、文字导航条等，图 6-58所示为不同的导航条效果。

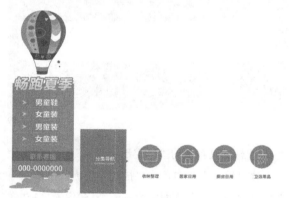

图 6-58

在设计导航条时需要注意以下基本要求。

- 明确性：无论采用哪种导航条形式，其设计都应该简洁明确，让浏览者一目了然。只有明确的导航条才能够发挥引导作用，让浏览者找到所需的信息。

- 可理解性：导航条对于浏览者来说应该是易于理解的，在表达形式上要使用清楚简洁的按钮，并且图文表达清晰，避免使用复杂的字句描述。

- 完整性：导航条的内容要具体、完整，能够让浏览者获得整个网店销售的产品类目，进而通过完整的产品类目，直接获取网店中全部产品的信息。

- 可咨询性：在设计导航条时，应该给买家提供咨询方式信息，当买家有疑问时，可以随时咨询。

6.3.3 课堂案例——制作小清新导航条

实例效果：素材\第6章\6.3.3\制作小清新导航条.psd

素材位置：无

在线视频：第6章\ 6.3.3 课堂案例——制作小清新导航条.mp4

实用指数：☆☆☆☆☆

技术掌握：自定形状工具、圆角矩形工具、图层样式的使用方法

01 启动Photoshop CC 2019软件，执行"文件"→"新建"命令，新建一个950像素×150像素的文件，设置背景颜色为#e8e9ed，如图6-59所示。

图 6-59

02 选择工具箱中的"自定形状工具"，在属性栏中设置"填充"为白色，"描边"为无，"形状"选择"网格"，在画面中绘制一个150像素×150像素的正方形网格，如图6-60所示。

图 6-60

03 选择网格图形，按Ctrl+T组合键，旋转图形，并将其移至画面最左侧，如图6-61所示。

04 在"图层"面板中选择"形状 1"图层，调整图层"不透明度"为40%，如图6-62所示。

图 6-61　　　　　　　　　图 6-62

05 选中"形状 1"图层，按Ctrl+J组合键复制多个图层，并移动各个复制的图形的位置，如图6-63所示。

图 6-63

06 继续复制图层，并移动图形至合适位置，如图6-64所示。新建"背景纹"图层组，将所有图形所在的图层都移至"背景纹"图层组中。

图 6-64

07 在工具箱中选择"圆角矩形工具" ，在属性栏中修改"工具模式"为"形状"，在图像上按住鼠标左键拖曳光标，绘制一个W为928像素，H为47像素，"半径"为23像素的圆角矩形图形，如图6-65所示。

图 6-65

08 在"属性"面板中设置其填充颜色为从# 9e606b到#f9acbc的渐变色，如图6-66所示。

图 6-66

09 双击"圆角矩形 1"图层，打开"图层样式"对话框，勾选"斜面和浮雕"复选框，在对应的面

板中修改各参数值，如图6-67所示。

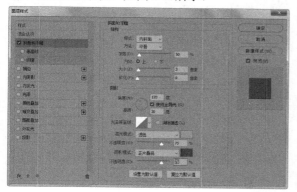

图 6-67

⑩ 勾选"投影"复选框，在对应的面板中修改各参数值，如图6-68所示。

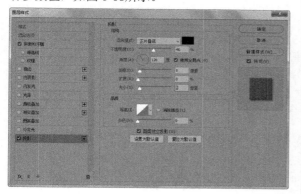

图 6-68

⑪ 单击"确定"按钮，即可为圆角矩形图形应用图层样式，其效果如图6-69所示。

图 6-69

⑫ 使用"圆角矩形工具" ▣，在圆角矩形上再绘制一个圆角矩形，并在"属性"面板中修改其参数，如图6-70所示。

⑬ 双击"圆角矩形 2"图层，打开"图层样式"对话框，勾选"投影"复选框，在对应的面板中修改各参数值，如图 6-71所示，单击"确定"按钮，投影效果如图6-72所示。

图 6-70

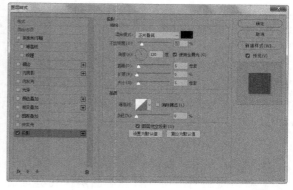

图 6-71

图 6-72

⑭ 在工具箱中选择"矩形工具" ▢，在画面中绘制一个222像素×59像素的矩形，填充颜色保持不变，如图6-73所示。

图 6-73

⑮ 在工具箱中选择"添加锚点工具" ，在矩形的底部水平直线上单击鼠标，添加一个锚点，并向下拖曳锚点至合适的位置，如图6-74所示。

图 6-74

⑯ 在工具箱中选择"转换点工具" ，在锚点上单击，将锚点两侧的线从曲线转换为直线，其效果如图6-75所示。

图 6-75

⑰ 选择"矩形 1"图层，按Ctrl+J组合键在"矩形 1"图层的下方复制一个图层，并将复制的图形向下移动，如图6-76所示。

图 6-76

⑱ 双击复制的图层，打开"图层样式"对话框，勾选"渐变叠加"复选框，在对应的面板中修改各参数值，如图 6-77所示。再勾选"投影"复选框，在对应的面板中修改各参数值，如图6-78所示。

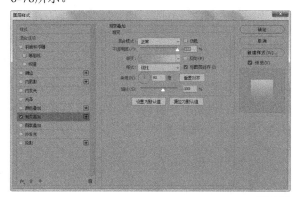

图 6-77

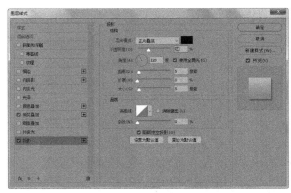

图 6-78

⑲ 单击"确定"按钮，即可为图形应用图层样式，其效果如图 6-79所示。

图 6-79

⑳ 在工具箱中选择"钢笔工具" ，在属性栏中修改"工具模式"为"形状"，"填充"为# 744850，"描边"为无，在图形上依次单击鼠标，添加锚点，绘制一个三角形，如图6-80所示。

图 6-80

㉑ 选择用钢笔工具绘制的图形，在"属性"面板中修改"羽化"参数为"1.7像素"，羽化图形，如图6-81所示。

㉒ 复制该三角形，并执行"编辑"→"变换"→"水平翻转"命令，水平翻转图形，将其移至右侧，如图6-82所示。

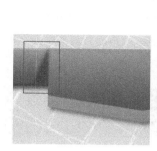 

图 6-81

图 6-82

㉓ 选择"横排文字工具"【T】，设置文字为"黑体"，文字大小为"18点"，文字颜色为白色，在图形上添加文本，如图 6-83所示。

图 6-83

㉔ 在导航条的中间继续添加文本，修改文字为Harrington，文字大小为"35点"，文字颜色为黑色，添加"WELCOME"（欢迎）文本，如图 6-84所示。

图 6-84

㉕ 按Ctrl+J组合键，复制"WELCOME"文本图层，选择复制的文本，执行"编辑"→"变换"→"垂直翻转"命令，竖直翻转文本，并将文本移动至合适位置，如图 6-85所示。

图 6-85

㉖ 选择复制的文本图层，在"图层"面板底部单击"添加图层蒙版"按钮 ，添加图层蒙版。设置前景色为黑色，在工具箱中选择 "画笔工具"，在属性栏中修改画笔样式和大小，在图像上按住鼠标左键拖曳光标，涂抹图像，得到最终图像效果，如图 6-86所示。

图 6-86

6.4 首页海报设计

首页海报是电商宣传的一种形式，店铺通过首页海报将自己的产品及产品特点以一种视觉表现形式传播给买家，而买家可以通过首页海报的宣传对产品进行简单了解。本节将详细讲解首页海报的基础知识和制作流程。

6.4.1 海报的尺寸与格式规范

在制作首页海报时，首页海报的尺寸至关重要，一般海报尺寸为950像素×400像素，但是由于现在计算机的显示器大多是宽屏的，因此大多数海报的尺寸为1 920像素×500像素或1 920像素×900像素，如图 6-87所示。

图 6-87

首页海报包含背景、文字和产品信息等元素。其中，文字一般包含主标题、副标题和附加内容3部分，而文字的文字最好不超过3种。主标题可以采用大字号，而副标题和附加内容则可以采用略小的字号。海报的颜色不能超过3种，其颜色比例为主色占70%，辅助色占25%，点缀色占5%，可以在海报中留出一部分空白区域，使得整个海报看上去比较舒服。

6.4.2　首页海报的设计技巧

在设计首页海报时，要清楚海报的设计要求，才能制作出优秀的首页海报。

1.　海报色调要与主色调统一

在设计首页海报时，要先观察整体环境，海报色调应尽量避免与主色调产生强烈对比，必须要用对比色设计海报时，要考虑降低纯度或明度，如图6-88所示。

图 6-88

2.　根据产品亮点定背景

为了做出一张比较漂亮的图片，最好要做到背景与产品相呼应。在海报设计中，大体有两种方式。

- 将拍摄图直接用作背景，再设计版式并配活动文案，如图6-89所示。

图 6-89

- 将产品提取出来，背景根据产品灵活变动，再搭配版式，如图6-90所示。

图 6-90

3.　海报风格与页面一致

在海报制作中，海报风格与页面的统一是非常重要的，如果两者不一致，页面看起来就会不和谐，让顾客产生不适。

6.4.3　课堂案例——甜品店铺首页海报设计

实例效果：素材\第6章\6.4.3\甜品店铺首页海报设计.psd
素材位置：素材\第6章\6.4.3
在线视频：第6章\6.4.3 课堂案例——甜品店铺首页海报设计.mp4
实用指数：☆☆☆☆☆
技术掌握：图层样式、横排文字工具的使用方法

01 启动Photoshop CC 2019软件，执行"文件"→"新建"命令，新建一个1920像素×600像素的文件。执行"文件"→"打开"命令，打开素材文件"背景.jpg"，将其拖曳到新建的文件中，如图6-91所示。

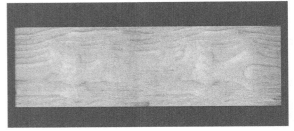

图 6-91

02 执行"文件"→"置入嵌入对象"命令，打开"置入嵌入的对象"对话框，打开"甜品盘.png"文件，稍微旋转素材，将其放到画面右侧，如图6-92所示。

图 6-92

03 双击"甜品盘"图层，打开"图层样式"对话框，勾选"投影"复选框，在对应的面板中修改各参数值，如图 6-93所示。单击"确定"按钮，即可应用图层样式，其效果如图 6-94所示。

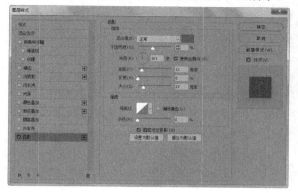

图 6-93

图 6-94

04 再次执行"文件"→"置入嵌入对象"命令，置入"咖啡.png"文件，将其移至画面右下角，如图 6-95所示。

图 6-95

05 双击"咖啡"图层，打开"图层样式"对话框，勾选"投影"复选框，在对应的面板中修改各参数值，如图 6-96所示。

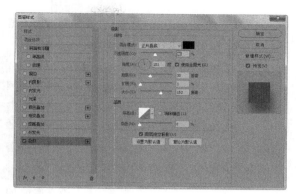

图 6-96

06 单击"确定"按钮，即可应用图层样式，其效果如图 6-97所示。

图 6-97

07 使用同样的方法置入其他素材，并放置在合适的位置，为它们添加适当的投影效果，如图 6-98所示。

图 6-98

08 执行"文件"→"打开"命令，打开"手绘框.png"素材，将其拖曳到画面左侧位置，如图 6-99所示。

图 6-99

09 选择"横排文字工具" T ，设置文字为"黑体"，文字大小为"47点"，文字颜色为#413d3c，在手绘框内部添加文本，如图6-100所示。

图 6-100

10 在下方继续添加文本，设置文字为"隶书"，文字大小为"130点"，文字颜色为浅黄色（#fffad6），如图6-101所示。

图 6-101

11 双击该文字图层，打开"图层样式"对话框，勾选"投影"复选框，在对应的面板中修改各参数值，如图6-102所示。

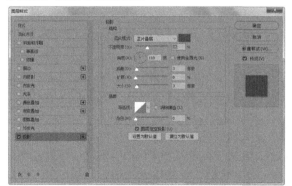

图 6-102

12 单击"确定"按钮，即可为文字应用图层样式，其效果如图6-103所示。

13 在浅黄色文字的上方再输入相同的文本，修改文字颜色为深灰色（#413d3c），并稍微向左上方移动，制作叠影效果，如图6-104所示。

图 6-103

图 6-104

14 使用"钢笔工具" ∅ 在文字的下方绘制图形，填充颜色为#cd3e54，复制图形，将复制的图形水平翻转并移动到合适的位置，如图6-105所示。

图 6-105

15 使用"矩形工具" ▢ 绘制矩形，填充颜色为#fb5770，制作横幅效果，如图6-106所示。

图 6-106

⑯ 最后在横幅上添加文本，设置文字为"隶书"，文字大小为"48点"，文字颜色为# fefdf8，如图6-107所示。

图 6-107

⑰ 双击新添加的文字图层，打开"图层样式"对话框，勾选"投影"复选框，在对应的面板中修改各参数值，如图6-108所示。

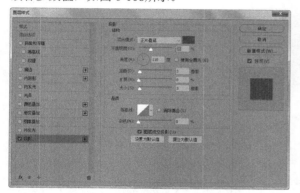

图 6-108

⑱ 单击"确定"按钮，即可为文字应用图层样式，最终的海报效果如图6-109所示。

图 6-109

6.5 辅助版块设计

在电商店铺设计中不仅需要对店铺首页进行设计，还需要对店铺中的收藏区、客服区和页尾等板块进行设计。这些区域也是顾客进入店铺后容易被吸引的区域，其效果的好与坏能够直接影响店铺的点击率和商品销量。本节将详细讲解辅助版块的设计知识。

6.5.1 收藏区设计

店铺收藏区通常由简单的文字和广告语组成，一般情况下内容较为单一，而有的商家为了吸引顾客的注意，也会将一些宝贝图片、素材图片等添加到其中，达到推销商品和提高收藏量的双重目的，如图6-110所示。

图 6-110

收藏区的作用有以下两个。

- 将商品照片融入收藏区，提升顾客的收藏兴趣，同时增加商品的曝光度。
- 把众多的优惠信息添加到收藏区中，提升顾客的收藏兴趣，表现出商家的优惠力度。

6.5.2 客服区设计

电商店铺中的客服与实体店中的售货员有着相同的作用，可以为顾客提供帮助。如何让顾客在电商店铺中快速地寻找到客服并进行询问，是客服区摆放和设计的关键。一般情况下，电商店铺的客服区与商品分类区相邻，而随着电商店铺装修水平的不断提升，越来越多的商家将客服区放在了店铺的中间或底部位置，因为当顾客浏览到一定程度时，客服区的及时显示会增加顾客询问的概率，从而提高网店的销售量。图6-111所示为带客服区的店铺详情页效果。

图 6-111

客服区主要作用如下。

- 塑造店铺形象：客服是店铺形象的第一窗口。
- 提高成交率：客服能随时在线回复客户的疑问，可以让客户及时了解需要的内容，从而促成交易。
- 提高客户回购率：顾客会比较倾向于选择他所熟悉和了解的卖家，客服能与顾客建立良好的信任关系，从而提高了顾客再次购买率。

6.5.3 店铺页尾设计

电商店铺的页尾在店铺首页末尾处，该部分的内容包含店铺信用评价、退换货规则、运输方式等信息，因此卖家在装修时也不能忽略页尾，这一区域关系着卖家的售后和诚信问题，同样非常重要。

在制作店铺首页时，为了让店铺页面的结构更加完整，页尾模块相对内容较少。页尾能够为店铺起到良好的分流作用，在制作时需要符合店铺的风格和主题，色彩一致。可以添加温馨提示、正品保证，以及商品购物流程等内容，如图6-112所示。

图 6-112

6.5.4 课堂案例——制作收藏按钮

实例效果：素材\第6章\6.5.4\制作收藏按钮.psd

素材位置：素材\第6章\6.5.4

在线视频：第6章\6.5.4 课堂案例——制作收藏按钮.mp4

实用指数：☆☆☆☆☆

技术掌握：椭圆工具、横排文字工具、图层样式的使用方法

01 启动Photoshop CC 2019软件，执行"文件"→"新建"命令，新建一个800像素×800像素的文件，设置背景颜色为#a75fef，如图6-113所示。

图 6-113

02 选择工具箱中的"椭圆工具" ⬭，在属性栏中设置"填充"为#55099f，"描边"为无，在按住Shift键的同时按住鼠标左键拖曳鼠标，在画面中绘制圆形，如图6-114所示。

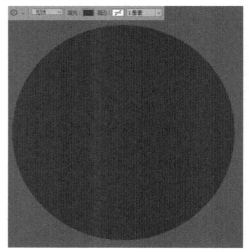

图 6-114

03 双击该圆形图层，打开"图层样式"对话框，勾选"渐变叠加"复选框，单击"渐变"右侧的颜色条，弹出"渐变编辑器"对话框，设置渐变颜色，如图6-115所示，单击"确定"按钮，返回"图层样式"对话框，如图6-116所示。

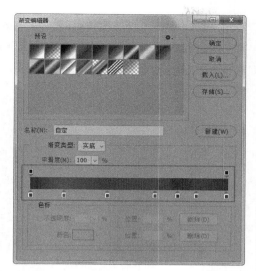

图 6-115

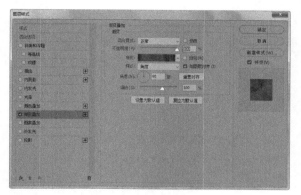

图 6-116

④ 勾选"投影"复选框，在对应的面板中修改各参数值，如图 6-117所示。单击"确定"按钮，即可应用图层样式，其效果如图 6-118所示。

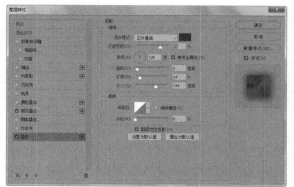

图 6-117

图 6-118

⑤ 选中"椭圆 1"图层，按Ctrl+J组合键复制该图层，并选中复制的圆形，再按Ctrl+T组合键，调整圆形大小，如图 6-119所示，按Enter键确认。

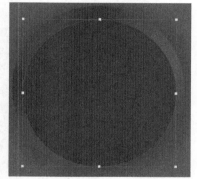

图 6-119

⑥ 双击复制的图层，打开"图层样式"对话框，勾选"渐变叠加"复选框，单击"渐变"右侧的颜色条，弹出"渐变编辑器"对话框，设置渐变颜色，如图 6-120所示，单击"确定"按钮，返回"图层样式"对话框，如图 6-121所示。

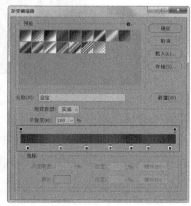

图 6-120

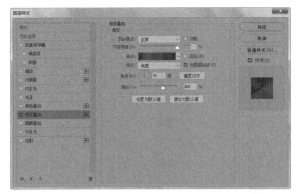

图 6-121

07 再勾选"投影"复选框，在对应的面板中修改各参数值，如图 6-122所示。单击"确定"按钮，即可应用图层样式，其效果如图 6-123所示。

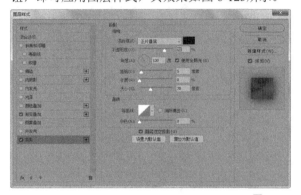

图 6-122

图 6-123

08 选择工具箱中的"椭圆工具" ，在属性栏中设置"填充"为无，"描边"为白色，描边宽度为1像素，在画面中绘制圆形边框，如图 6-124所示。

09 选择该边框图层，单击右键，在弹出的快捷菜单中选择"栅格化图层"选项，将图层栅格化。然后

单击"图层"面板底部的"添加图层蒙版"按钮 ，选中图层蒙版，使用黑色画笔在画面中的圆形边框上适当涂抹，制作金属光泽效果，如图 6-125所示。

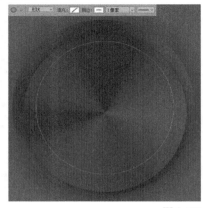

图 6-124

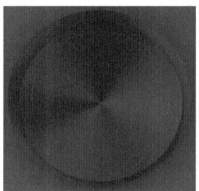

图 6-125

10 执行"文件"→"置入嵌入对象"命令，打开"置入嵌入的对象"对话框，打开"横幅.png"文件，将其移动到合适的位置，如图 6-126所示。

11 选择工具箱中的"横排文字工具" ，设置文字为"方正姚体"，文字颜色为白色，在横幅和圆形中分别输入文本，对文字进行旋转和变形操

作，如图6-127所示。

图 6-126　　　　　　　　图 6-127

⑫ 在文字上方输入英文"COLLECTION"（收藏），设置文字为Britannic Bold，稍微对文字进行旋转调整，如图6-128所示。

⑬ 最后置入"金币.png"素材文件，放置在画面中，最终效果如图6-129所示。

图 6-128　　　　　　　　图 6-129

6.6　本章小结

本章详细介绍了使用Photoshop 设计店铺首页的方法，包括设计店招、首页海报、导航条、辅助板块等，足以让读者快速掌握设计店铺首页的方法。

6.7　课后习题

6.7.1　课后习题——制作早餐食品店铺首页海报

实例效果：素材\第6章\6.7.1\制作早餐食品店铺首页海报.psd

素材位置：素材\第6章\6.7.1

在线视频：第6章\6.7.1课后习题——制作早餐食品店铺首页海报.mp4

实用指数：☆☆☆☆

技术掌握：矩形工具和图层样式的使用方法

本习题主要练习矩形工具和图层样式的使用，置入多个素材并添加投影效果，制作一个美味早餐食品店铺的首页海报，最终画面效果如图 6-130 所示。

图 6-130

步骤如图 6-131所示。

图 6-131

6.7.2　课后习题——制作清新店招

实例效果：素材\第6章\6.7.2\制作清新店招.psd

素材位置：素材\第6章\6.7.2\绿叶背景.png

在线视频：第6章\6.7.2课后习题——制作清新店招.mp4

实用指数：☆☆☆☆☆

技术掌握：矩形工具和横排文字工具的使用方法

本习题主要练习矩形工具和横排文字工具的使用，制作主色为绿色的清新店招，最终效果如图6-132所示。

图 6-132

步骤如图 6-133所示。

图 6-133

第 **7** 章

宝贝详情页设计

内容摘要

宝贝详情页主要是对电商店铺中销售的单个商品的细节及购买流程等内容进行介绍。在电商交易中，没有实物，也没有营业员，详情页就承担着主要的宣传和推销工作。因此，在设计详情页时需要对商品的细节进行详细介绍，对文字与图片进行合理搭配，提取商品的特点、功能、价值等主要信息，让顾客能够通过细节描述来了解商品的主要特色和功能，从而达到销售商品的目的。本章将详细讲解详情页的相关基础知识和设计方法。

课堂学习目标

- 掌握宝贝详情页的设计方法

7.1 宝贝详情页的布局与分类

宝贝详情页是展示商品信息的页面。一般情况下,顾客最想要浏览的不是首页,而是宝贝详情页,它直接决定了店铺是否能留住客户、促成交易。对于大多数电商店铺来说,宝贝详情页是核心部分,详情信息是关键。因此,宝贝详情页十分重要,本节将介绍宝贝详情页的布局和类型。

7.1.1 详情页布局

在设计宝贝详情页时,颜色和布局的选择都很重要。店铺详情页中专题活动目的和侧重点不同,采用的页面布局也会有差异。详情页的布局有圆形扩散式、方块式和三角式等,下面将分别进行详细介绍。

1. 圆形扩散式

圆形扩散式是指主体内容放在正中心,分内容围绕在主体四周,使得整体大致形成一个圆形。该形式的布局适合某一系列或有针对性的专题活动,能够突出重点,从而吸引买家。该形式的布局在分类页面中同样适用,也可以用于爆款推荐,如图7-1所示。

图 7-1

2. 方块式

方块式布局是指同级内容按照矩形排列,该形式的布局具有通用性,对于各种活动都适用,而且布局简约,排版较为整齐,比较容易操作,不需要特地用专业的美工进行布局,如图7-2所示。

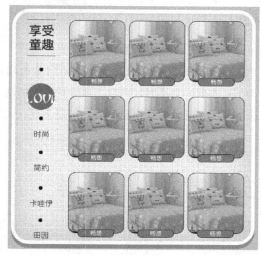

图 7-2

3. 三角式

三角式是指主体内容在最上方,按照内容的重要程度,依次往下排列。三角式布局是层次型,适合专题活动。该布局通过先突出重点,再层层深入的策略,抓住买家的心理需求,从而将买家的注意力慢慢引到商品上,如图7-3所示。

图 7-3

7.1.2 详情页类型

每个顾客在购买一件商品时，首要想了解的是商品的功能，其次就是考虑商品的附加价值、服务等。因此，要想设计出能够展现商品价值的优秀详情页，需要清楚了解详情页的各个类型，下面将分别进行介绍。

1. 功能型宝贝详情页

该类型的详情页主要用于介绍商品的功能。如制作衣服详情页时，可以主要介绍衣服的洗涤方法、保暖效果、质料或搭配等，如图7-4所示。

图 7-4

2. 符号型宝贝详情页

该类型详情页主要介绍商品的形状符号等信息。如在制作鲜花产品详情页时，可以突出鲜花的花语，从而体现出商品的独特之处，如图7-5所示。

图 7-5

3. 感觉型宝贝详情页

该类型详情页给顾客带来一种身临其境的感觉。如商品是沙滩长裙，则可以在制作详情页时，给顾客一种海边度假的感觉，吸引买家购买，如图7-6所示。

图 7-6

4. 附加价值型宝贝详情页

该类型详情页专门为产品提供各种附加价值，其内容包含老顾客的专属服务通道，以及专属的优惠价，新顾客也有相应的礼品，通过附加价值提高店铺销量、顾客黏性。

5. 服务型宝贝详情页

该类型详情页添加了各种服务，包含保修费用全免、赠送退货运费险等各种有保障的售后服务，虽然这些服务不计入商品价值，但是这些服务却深受顾客喜爱，如图7-7所示。

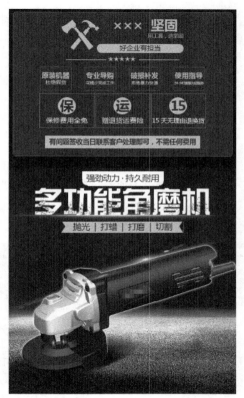

图 7-7

7.1.3 课堂案例——制作毛绒玩具详情页

实例效果：素材\第7章\7.1.3\制作毛绒玩具详情页.psd

素材位置：素材\第7章\7.1.3

在线视频：第7章\7.1.3 课堂案例——制作毛绒玩具详情页.mp4

实用指数：☆☆☆☆☆

技术掌握：矩形工具、椭圆工具、图层样式的使用方法

01 启动Photoshop CC 2019软件，执行"文件"→"新建"命令，新建一个790像素×1707像素的文件，如图7-8所示。

图 7-8

02 选择工具箱中的"矩形工具" ▢，在属性栏中设置"填充"为#ffa8ba，"描边"为无，在画面最上方绘制矩形，如图7-9所示。

图 7-9

03 选择工具箱中的"椭圆工具" ⬤，在属性栏中设置"填充"为无，"描边"为#ff5477，描边宽度为"21.71点"，在画面上方绘制圆形边框，如图7-10所示。

图 7-10

04 选中"椭圆 1"图层，按Ctrl+J组合键复制图层，选中复制的圆形，修改圆形边框的"描边"为#63dada，描边宽度为"14.2点"，并Ctrl+T组合键，将圆形边框缩小，如图 7-11所示。

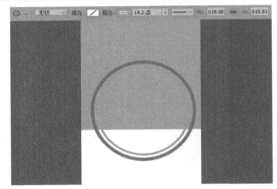

图 7-11

05 再次复制"椭圆 1"图层，并修改复制的圆形的"填充"为#8c97cb，"描边"为无，再分别调整两个圆形边框的图层不透明度为74%和56%，效果如图 7-12所示。

图 7-12

06 按Ctrl+O组合键，打开"七彩毛毛虫1.jpg"素材，将其拖曳到圆形的位置，如图 7-13所示。

图 7-13

07 选中"七彩毛毛虫1"图层，单击右键，在弹出的快捷菜单中选择"创建剪贴蒙版"选项，在圆形图层和素材图层之间创建剪贴蒙版，如图 7-14所示。

图 7-14

08 按Ctrl+O组合键，打开"头部特写.png"素材，将其拖曳到画面中，与圆形里的毛毛虫头部重合，制作钻出圆形的效果，如图 7-15所示。依次打开"白云1.png""白云2.png""白云3.png""白云4.png"素材，拖曳至画面上方，调整至合适的位置，如图 7-16所示。

图 7-15

图 7-16

09　选择工具箱中的"矩形工具" ，在属性栏中设置"填充"为#ff3a64，"描边"为无，在画面右上方绘制一个矩形，如图7-17所示。

图 7-17

10　选择工具箱中的"横排文字工具" ，设置字体为"黑体"，在矩形中输入"多种色彩随意选择"，其中"多种色彩"文本颜色为白色，"随意选择"文本颜色为黄色，如图7-18所示。

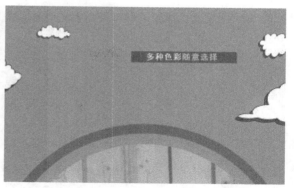

图 7-18

11　继续使用"横排文字工具" ，在圆形上方输入"七彩毛毛虫"文本，调整"七彩"文本文字大小为96点，"毛毛虫"文本文字大小为82点，如图 7-19所示。

图 7-19

12　双击"七彩毛毛虫"文字图层，弹出"图层样式"对话框，勾选"投影"复选框，在对应的面板中修改各参数值，如图7-20所示。

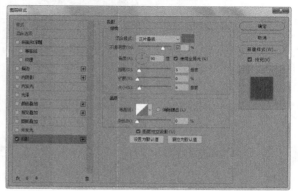

图 7-20

⑬ 单击"确定"按钮，即可为文字应用图层样式，如图 7-21所示。

图 7-21

⑭ 按Ctrl+O组合键，打开"白色波浪.png"素材，将该素材图层移至"矩形 1"图层上方，其他图层的下方，效果如图 7-22所示。

图 7-22

⑮ 选择"横排文字工具" T ，设置字体为Lithos Pro，文字大小为"55.61 点"，文字颜色为 #fe5577，在圆形下方空白处输入英文文本 "CATERPILLAR DOLL"（毛毛虫娃娃），调整该

文字图层的"不透明度"为50%，如图 7-23所示。

图 7-23

⑯ 使用"圆角矩形工具" ，在英文字的下方绘制圆角矩形，并在圆角矩形的内部和下方输入文本，上方文本设置为白色，下方文本设置为黑色，并适当调整大小，如图 7-24所示。

图 7-24

⑰ 使用"圆角矩形工具" ，在画面左下角位置绘制一个白色的圆角矩形，为了方便查看，先隐藏"背景"图层，如图 7-25所示。

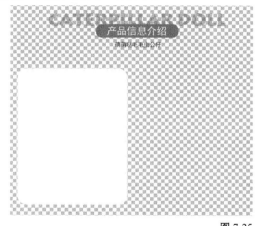

图 7-25

⑱ 显示"背景"图层，双击"圆角矩形 2"图层，弹出"图层样式"对话框，勾选"描边"复选框，在对应的面板中修改各参数值，如图 7-26 所示。

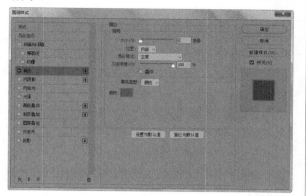

图 7-26

⑲ 单击"确定"按钮，即可为圆角矩形应用图层样式，如图 7-27所示。

图 7-27

⑳ 按Ctrl+O组合键，打开"七彩毛毛虫2.jpg"素材，将其拖曳到圆角矩形的位置，并将该素材图层移至"圆角矩形 2"图层上方，为其创建剪贴蒙版，如图 7-28所示。

图 7-28

㉑ 再次使用"圆角矩形工具" 🔲，在右侧上方空白处绘制圆角矩形，修改"填充"为#fcf1f5，"描边"为无，如图 7-29所示。在该圆角矩形内部输入产品信息，如图 7-30所示。

图 7-29

图 7-30

㉒ 选择工具箱中的"椭圆工具" 🔘，在属性栏中设置"填充"为#7c7c7c，"描边"为#ffa2b5，描边宽度为"2点"，在下方左侧的空白处绘制圆形，如图 7-31所示。

图 7-31

㉓ 按Ctrl+J组合键3次，复制"椭圆 3"图层3次，并将复制的圆形水平排列整齐，如图 7-32所示。

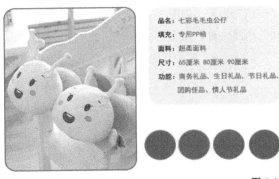

图 7-32

㉔ 按Ctrl+O组合键，打开"七彩毛毛虫3.jpg"素材，如图 7-33所示。将素材拖曳至画面中，将素材图层移至"椭圆 3"图层的上方，如图 7-34所示。

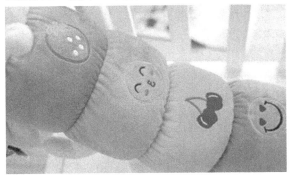

图 7-33

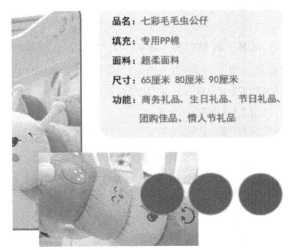

图 7-34

㉕ 选中素材图层，单击右键，在弹出的快捷菜单

中选择"创建剪贴蒙版"选项，在素材图层和"椭圆 3"图层之间创建剪贴蒙版，如图 7-35所示。

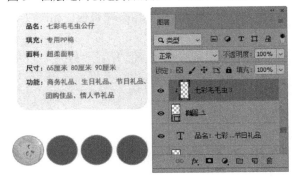

图 7-35

㉖ 使用同样的方法在其他复制的圆形图层上方添加素材图层，将毛毛虫玩具其他的部位分别移至不同圆形的位置，并为素材图层创建剪贴蒙版，如图 7-36所示。

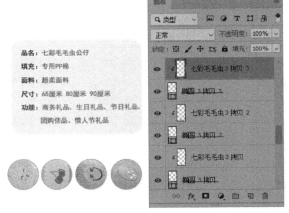

图 7-36

㉗ 最后在圆形的上方和下方分别输入文本，设置字体为"幼圆"，文字颜色为#fe5577，如图 7-37所示。

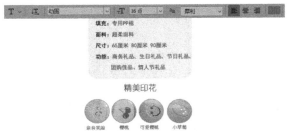

图 7-37

28 毛绒玩具详情页制作完成，最终效果如图7-38所示。

图 7-38

7.2　详情页的分析与设计技巧

详情页的作用是对电商店铺中销售的单个商品进行介绍，在设计过程中需要注意很多规范，以求用最佳的图片和文字来展示商品的特点，本节将对详情页模块进行分析并介绍一些详情页的设计技巧。

7.2.1　详情页模块分析

详情页由商品橱窗照、产品基本属性、宝贝

详情、产品效果展示、细节展示、质保信息及物流与包装等模块组成，下面对详情页的结构进行讲解。

1.　商品橱窗照

商品橱窗照位于宝贝详情页面的顶端位置，基本的尺寸要求是310像素×310像素，如果宽度和高度大于800像素，那么顾客在查看图片时，可以使用放大镜功能进行查看。在设计橱窗照的过程中，需要将商品清晰、完整地展示出来，如图7-39所示。

图 7-39

2.　产品基本属性区

详情页上部右侧的区域是产品的基本属性区域，其内容包含产品的名称、价格、优惠信息、配送信息、颜色分类和尺寸等，如图7-40所示。

图 7-40

3.　宝贝详情区

宝贝详情区域用于展示商品的使用方法、材质、尺寸、细节等方面的内容，如图7-41所示。有的店家为了拉动店铺内其他商品的销售，或提升店铺的品牌形象，还会在宝贝详情中添加搭配套餐、公司简介等信息，以此来树立商品的形象，提升顾客的购买欲望。

图 7-41

4. 产品效果展示区

在产品效果展示区域中，可以展示产品的各种颜色或从多个角度展示产品效果，让顾客对产品一目了然，如图 7-42所示。产品展示区域是浏览量最大的区域，该区域的设计会影响店铺的销售，展示效果好的商品销售量也较高。

图 7-42

5. 细节展示区

产品细节的展示能让顾客直观地了解商品的材质、形状、纹理等信息。局部区域的重点展示能够突出商品的特点，加深顾客对产品的了解，如图 7-43所示。

图 7-43

6. 质保信息区

在展示完产品之后，需要加入保障信息，进一步提升顾客对店铺产品的信心和信赖感。

7. 物流及包装区

电商店铺的产品传递是通过物流来实现的，产品的包装也是物流过程中的一个重要环节，好的包装和物流会提升店铺的服务品质。该展示区域可以增强店铺运营的专业程度。

7.2.2 详情页设计技巧

在进行宝贝详情页面设计的过程中，会遇到商品展示方面的问题。

1. 商品图片的展示

用户购买商品最主要看的就是宝贝展示的部分，在这里需要让顾客对商品有一个直观的感觉。通常这部分是以图片的形式来展现的，分为摆拍图和场景图两种类型。

场景图能够在展示商品的同时，在一定程度上烘托商品的氛围，如图 7-44所示，通常需要较高的成本和一定的拍摄技巧。但如果场景引入运用得不好，反而会分散顾客观看主体商品的注意力。

图 7-44

摆拍图能够更为直观地展现商品，画面的基本要求就是能够把商品如实地展现出来，平实无华。

实拍的图片通常需要突出主体，用纯色背景显得干净、简洁、清晰，如图7-45所示。

图 7-45

2. 商品细节的展示

在宝贝详情页面中，通过对商品的细节进行展示，能够让商品在顾客的脑海中形成大致的形象。细节的展示可以通过多种表现方法来进行。

可以将商品重点部位的细节放大，让顾客直观地了解商品的材质、形状、纹理等信息，这样设计会突显出商品的主要特点，如图7-46所示。也可以通过图解的方式表现出商品的一些元素含量，利用简短的文字说明恰到好处地告知顾客这些信息，准确地展示商品的特点，如图7-47所示。

图 7-46

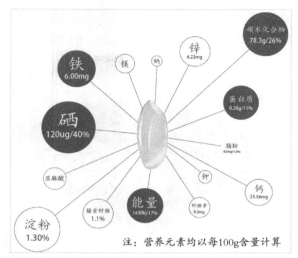

注：营养元素均以每100g含量计算

图 7-47

3. 商品尺寸展示

细节的展示并不能完全地反映出商品的真实情况，还需要展示商品的具体尺寸，让顾客可以进行参考。经常有顾客购买商品后要求退货，其中很大一部分原因就是和预期的效果有差距，而顾客对商品的印象就是细节展示图给予顾客的，所以需要加入商品尺寸展示区域，让顾客对商品有正确的预估。

用文字的方式进行阐述可以详细说明商品的材质、厚度等信息，全面地展示商品的规格和质感，如图7-48所示。而以图解的方式表现商品的尺寸，可以让顾客更加直观地了解商品的规格信息，如图7-49所示。

商品详情	累计评价 35136	家装服务详情		手机购买
品牌名称：				

产品参数：

品牌：	型号：015	尺寸：900mm*1900mm 1000m...
厚度：220mm	颜色分类：A款：□□山羊绒+...	面料分类：针织面料
毛重：40	是否可定制：是	棉绒类型：椰棕
是否有保健功能：是	海绵类型：其他海绵类型	适用对象：成人
弹簧类型：整网弹簧	可送货/安装：是	包装体积：0.8
是否可预装：是	出租车是否可运输：否	设计元素：□□□□
款式定位：品质奢华型	安装说明详情：无安装说明	床垫尺寸：1800x2000mm
床垫软硬度：软硬两用	床垫厚度：220mm	海绵厚度：35mm
床垫主要材质：弹簧 棕 海绵	乳胶厚度：0mm	棕的厚度：18mm

图 7-48

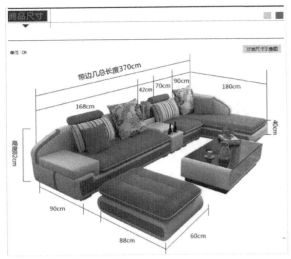

图 7-49

7.2.3 课堂案例——制作曲奇详情页

实例效果：素材\第7章\7.2.3\制作曲奇详情页.psd

素材位置：素材\第7章\7.2.3

在线视频：第7章\7.2.3 课堂案例——制作曲奇详情页.mp4

实用指数：☆☆☆☆☆

技术掌握：椭圆工具、钢笔工具、自定形状工具、图层样式的使用方法

01 启动Photoshop CC 2019软件，执行"文件"→"新建"命令，新建一个790像素×1913像素的文件，如图 7-50所示。

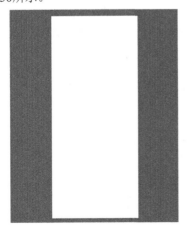

图 7-50

02 按Ctrl+O组合键，打开"曲奇1.png"素材，将其拖曳到画面左上角的位置，如图 7-51所示。

图 7-51

03 选择工具箱中的"椭圆工具" ⬭，在属性栏中设置"填充"为无，"描边"为#d2d2d2，描边宽度为"10.73像素"，在曲奇素材黄色边框内再绘制一个边框，如图 7-52所示。

图 7-52

04 绘制圆形边框后生成"椭圆 1"图层。选中"椭圆 1"图层，在"图层"面板中设置该图层的"不透明度"为59%，效果如图 7-53所示。

图 7-53

05 继续选择"椭圆工具" ，设置"填充"为#ffce59，"描边"为#ffbd1e，描边宽度为"11.89点"，在曲奇素材的右侧绘制一个较小的圆形，如图7-54所示。

图 7-54

06 绘制小圆形后生成"椭圆2"图层。选中"椭圆2"图层，按Ctrl+J组合键两次，复制"椭圆2"图层两次，将复制的圆形移至合适的位置，如图7-55所示。

07 按Ctrl+O组合键，打开"曲奇2.png"和"曲奇3.png"素材，将它们拖曳到画面空白处，如图7-56所示。

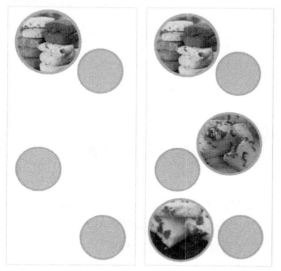

图 7-55   **图** 7-56

08 按Ctrl+J组合键两次，复制"椭圆1"图层两次，将复制的圆形边框分别移至"曲奇2.png"和"曲奇3.png"素材的圆形框内，如图7-57所示。

09 选择工具箱中的"钢笔工具" ，在属性栏中设置工具模式为"形状"，"填充"为无，"描

边"为#484848，描边宽度为"1像素"，描边类型为虚线，在最上方的两个圆形之间绘制曲线，调整图层位置，效果如图7-58所示。

图 7-57

图 7-58

10 继续选择"钢笔工具" ，修改描边宽度为"2像素"，其他参数保持不变，在右侧圆形与下方圆形之间绘制曲线，如图7-59所示。

图 7-59

115

⑪ 在其他圆形之间继续绘制曲线，效果如图7-60所示。

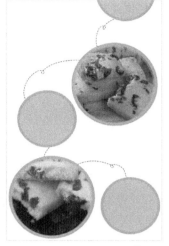

图 7-60

⑫ 选择工具箱中的"横排文字工具" T，设置字体为"隶书"，文字大小为"42.45点"，在最上方右侧的圆形中输入"饼干蔓越莓香甜"文本，其中"蔓越莓"文本文字颜色为#ff7800，"饼干香甜"文本文字颜色为#484848，如图7-61所示。

图 7-61

⑬ 在下方连续输入"-"，制作虚线，并输入介绍的内容，字体为"幼圆"，如图7-62所示。

图 7-62

⑭ 在其他圆形内也输入相同的文本，如图7-63所示。

图 7-63

⑮ 接着在画面最上方输入英文"cookies"（饼干），设置字体为Broadway，文字大小为"51.21点"，文字颜色为#fad022，如图7-64所示。

图 7-64

⑯ 修改字体为"隶书"，文字大小为"85.87点"，文字颜色为#484848，在英文下方输入"不一样的曲奇"，如图7-65所示。

图 7-65

⑰ 修改字体为"幼圆"，文字大小为"20.21点"，文字颜色为# 484848，在下方继续输入文本，如图7-66所示。

图 7-66

⑱ 选择工具箱中的"自定形状工具" ，在属性栏中设置"填充"为#fad022，"描边"为无，"形状"为"会话1"，在英文字的右侧绘制图形，如图7-67所示。

图 7-67

⑲ 双击新生成的"形状 1"图层，弹出"图层样式"对话框，勾选"斜面和浮雕"复选框，在对应的面板中修改各参数值，如图7-68所示。

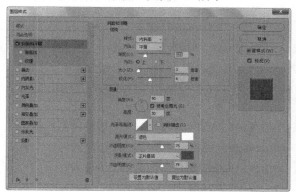

图 7-68

⑳ 单击"确定"按钮，即可为该图形应用图层样式，如图7-69所示。

图 7-69

㉑ 选择"横排文字工具" ，设置字体为"隶书"，文字大小为"36.94点"，文字颜色为白色，在图形中输入"香~"，如图7-70所示。

图 7-70

㉒ 双击"香~"文本图层，弹出"图层样式"对话框，勾选"斜面和浮雕"复选框，在对应的面板中修改各参数值，如图7-71所示。

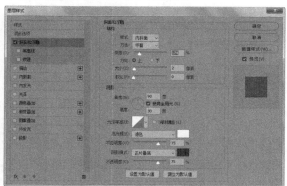

图 7-71

㉓ 再分别勾选"描边"和"投影"复选框,在对应的面板中修改各参数值,如图 7-72所示和图7-73所示。

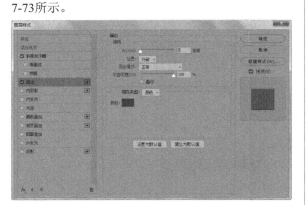

图 7-72

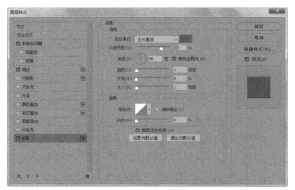

图 7-73

㉔ 单击"确定"按钮,即可为该文本应用多种图层样式,如图 7-74所示。

图 7-74

㉕ 按Ctrl+O组合键,依次打开"饼干.jpg""卡通熊.png""卡通字母.png""卡通女孩.jpg""包

装袋.jpg"和"卡通蛋.png"素材,将它们分别拖曳到画面中,移至合适的位置,并调整图层位置,曲奇详情页制作完成,最终效果如图7-75所示。

图 7-75

7.3 本章小结

本章详细介绍了宝贝详情页的基础知识和使用Photoshop设计宝贝详情页的方法,足以让读者快速掌握设计宝贝详情页的方法。

7.4 课后习题

7.4.1 课后习题——制作零食详情页

实例效果: 素材\第7章\7.4.1\制作零食详情页.psd

素材位置: 素材\第7章\7.4.1

在线视频: 第7章\7.4.1课后习题——制作零食详情页.mp4

实用指数: ☆☆☆☆

技术掌握: 钢笔工具、画笔工具、图层样式、横排文字工具的使用方法

本习题主要练习钢笔工具、画笔工具、横排文字工具和图层样式的使用,置入多个素材并绘制图形,添加文本,制作一个甜美温馨的零食详情页,最终画面效果如图7-76所示。

图 7-76

步骤如图7-77所示。

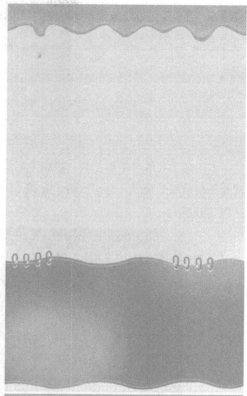

图 7-77

7.4.2 课后习题——制作炒锅详情页

实例效果: 素材\第7章\7.4.2\制作炒锅详情页.psd

素材位置: 素材\第7章\7.4.2

在线视频: 第7章\7.4.2课后习题——制作炒锅详情页.mp4

实用指数: ☆☆☆☆

技术掌握: 矩形工具、椭圆工具、图层样式、图层蒙版的使用方法

本习题主要练习矩形工具、椭圆工具、图层样式和图层蒙版的使用,制作炒锅详情页,最终效果如图 7-78所示。

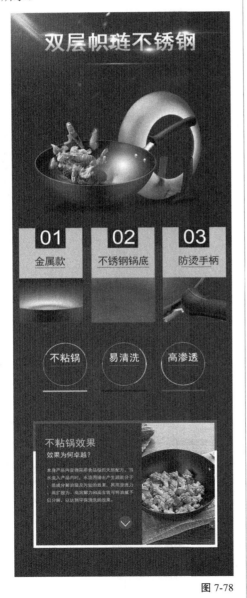

图 7-78

步骤如图 7-79所示。

图 7-79

第8章

活动图的设计与制作

—— 内容摘要 ——

在电商店铺中，活动图非常重要，它不仅可以吸引买家的注意，还能激发买家的购买欲望，从而起到推广店铺的作用。活动图分很多种，如促销广告、直通车推广图、钻展图等，本章将详细讲解几种常见的活动图的设计方法。

课堂学习目标

- 掌握促销广告的设计方法
- 掌握直通车推广图的设计方法
- 掌握钻展图的设计方法

8.1 促销广告设计

促销广告是指促进销售的广告，通过促销将产品的质量、性能、特点直观地告诉消费者，激发购买欲。本节将详细介绍促销广告的尺寸规范、设计准则及常见类型。

8.1.1 促销广告的尺寸规范

促销广告属于海报的一种，其尺寸可根据计算机显示器的屏幕大小来设定，一般宽度为800像素、1 024像素、1 280像素、1 440像素、1 680像素或1 920像素，高度则可根据要求随意进行设置，建议为150~800像素，如图8-1所示。

图 8-1

8.1.2 促销广告的设计准则

促销广告在店铺首页中占据很大面积，设计的灵活度比较高，那么在进行广告设计时，应该了解广告需要表达的主题，以及要遵循的设计准则。

1. 突出促销主题

电商店铺的海报从吸引眼球到被点击，往往只有短短几秒的时间，促销广告需要在有限的时间内让顾客了解促销活动的所有信息，所以其内容主要是促销的商品、促销方式、活动起止时间等。

2. 明确活动目的

不管是节假日促销、淡旺季促销还是新产品促销都是一种销售引导。促销不仅可以增加产品销量、清理产品库存、吸引人气、推介新产品和提高产品曝光率，还可以传递信息，以及提高品牌的知名度和信誉。

3. 广告形式美观

设计促销广告时，为了保证其形式美观、简洁，需要注意整体色彩搭配、布局结构和文字编排。只有整体画面美观，才能吸引人注意。

4. 色彩搭配

促销广告的配色十分重要，顾客在接收到广告信息之前会处于色彩搭配带来的氛围中，一幅广告的色彩，要么倾向于冷色或暖色，要么倾向于明朗鲜艳或素雅质朴，每种色彩倾向将形成不同的色调，给人们的印象也不同。根据产品的属性合理地搭配色彩可以使顾客快速融入促销广告所营造的氛围。图 8-2所示为以蓝色为主色，冷暖对比的促销海报。

图 8-2

5. 排版布局

在制作促销广告时，需要对广告中的图文进行合理排布，形成能够吸引顾客的版面布局。在设计广告的版面布局时，没有固定规律，需要灵活运用与搭配。合理排布图文，使画面形成视觉导向，才有利于视觉传达，从而制作出优秀的促销广告作品。图 8-3所示为左文右图版面布局的促销海报。

图 8-3

6. 文字编排

在促销广告中，文字的表现与商品的展示同等重要，文字可以对商品、活动、服务等信息进行说明和引导，合理地编排文字可以使信息的传递更加准确，广告也会更加精美。图 8-4所示为促销海报效果。

图 8-4

8.1.3 常见促销广告类型

电商店铺有多种促销广告，包括节庆促销广告、开业促销广告、例行促销广告等，本小节主要对常见的促销广告进行讲解与分析。

1. 新店开张促销广告

新店开张促销广告是电商店铺开业时的一种促销广告，对顾客今后是否光顾有很大的影响，所以应给予重视，在设计上要做到独树一帜，从背景、文案和产品上来抓住顾客的眼球，给顾客留下一个好的印象，如图 8-5所示。

图 8-5

2. 店庆促销广告

大部分电商店铺每年会有一次店庆，这时候就需要店庆促销广告。店庆促销除了增长销量以外，更多的是回馈老顾客、吸引新客户，所以店庆促销广告应该更加吸引眼球，如图 8-6所示。

图 8-6

3. 节日促销广告

节日促销活动是比较常见的活动类型，一般都在节日期间开展，如春节、国庆节、中秋节、情人节等。这些促销活动既增加了节日的气氛，也为顾客提供了购买选择，节日促销广告如图 8-7所示。

图 8-7

4. 秒杀促销广告

秒杀促销也就是限时抢购，秒杀促销与此前流行的买家竞相加价的网络竞拍不同，这种类似现实生活中商品抢购的促销方式，由于成交速度快，得失决定于数秒之间，所以被称为"秒杀促销"，秒杀促销广告如图 8-8所示。

图 8-8

8.1.4 课堂案例——制作双十二促销广告

实例效果：素材\第8章\8.1.4\制作双十二促销广告.psd

素材位置：素材\第8章\8.1.4

在线视频：第8章\8.1.4课堂案例——制作双十二促销广告.mp4

实用指数：☆☆☆☆☆

技术掌握：渐变工具、钢笔工具、"动感模糊"滤镜、图层样式的使用方法

01 启动Photoshop CC 2019软件，执行"文件"→"新建"命令，新建一个1920像素×600像素的文件，如图8-9所示。

图 8-9

02 选择工具箱中的"渐变工具"，在属性栏中单击渐变颜色条，弹出"渐变编辑器"对话框，在对话框中设置从#251047到#6b22a3再到#251047的渐变颜色，如图8-10所示。

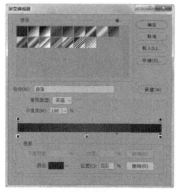

图 8-10

03 单击"确定"按钮，再单击"线性渐变"按钮，在画面中填充线性渐变颜色，如图8-11所示。

04 选择"钢笔工具"，在属性栏中设置工具

模式为"形状"，"填充"为#893fc8，"描边"为无，在画面底部绘制图形，如图8-12所示。

图 8-11

图 8-12

05 继续使用"钢笔工具"在画面底部绘制图形，并适当修改填充颜色，如图8-13所示。

图 8-13

06 执行"文件"→"置入嵌入对象"命令，置入"星球1.png""星球2.png""发射器.png"和"火球.png"素材，如图8-14所示。

图 8-14

07 按Ctrl+O组合键，打开"彩带.png"素材，将其拖曳到画面右侧，选中该素材图层，按Ctrl+J组合键复制图层，将复制的彩带素材拖曳到画面左侧，用相同的方法复制多次，使彩带布满整个画面，如图8-15所示。

图 8-15

08　执行"文件"→"置入嵌入对象"命令，置入"星球3.png"素材，放到画面右上方位置，如图8-16所示。

图 8-16

09　选中"星球3"图层，单击"图层"面板底部的"添加图层蒙版"按钮 。选择"渐变工具" ，设置黑白渐变颜色，选中图层蒙版，按住鼠标左键从素材左下方向右上方拖曳光标，效果如图8-17所示。

图 8-17

10　按Ctrl+O组合键，打开"素材.png""卡通人.png"和"金币.png"素材，将素材拖曳到画面中，放置在合适的位置，如图8-18所示。

图 8-18

11　选中"金币"图层，按Ctrl+J组合键复制"金币"图层，并将复制的图层移至"金币"图层下方，如图8-19所示。

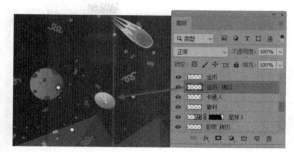

图 8-19

12　选中"金币 拷贝"图层，执行"滤镜"→"模糊"→"动感模糊"命令，弹出"动感模糊"对话框，设置参数，如图8-20所示。

图 8-20

13　单击"确定"按钮，即可应用动感模糊滤镜，效果如图8-21所示。

图 8-21

14　复制"金币"图层两次，将复制的图形同时移至画面右侧并缩小，进行水平翻转，为其中一个复制的图形应用动感模糊滤镜，如图8-22所示。

125

图 8-22

15 按Ctrl+O组合键，打开"双12.png"素材，将其拖曳到画面中心处，如图 8-23所示。

图 8-23

16 选择工具箱中的"圆角矩形工具" ，在属性栏中设置"填充"为#ff0099，"描边"为无，在画面下方绘制圆角矩形，如图 8-24所示。

图 8-24

17 双击"圆角矩形 1"图层，打开"图层样式"对话框，勾选"描边"选项，设置参数，如图 8-25所示。单击"确定"按钮，即可应用描边样式，如图 8-26所示。

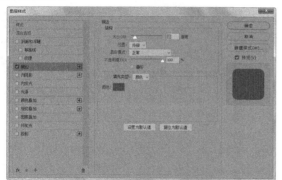

图 8-25

图 8-26

18 选择工具箱中的"横排文字工具" ，在属性栏中设置字体为Bauhaus 93，文字大小为"43.38 点"，文字颜色为白色，选中"圆角矩形 1"图层，在圆角矩形边缘上单击，在圆角矩形边缘上连续输入小数点，如图 8-27所示。

图 8-27

19 双击符号文本图层，打开"图层样式"对话框，勾选"外发光"选项，设置参数，如图 8-28所示。

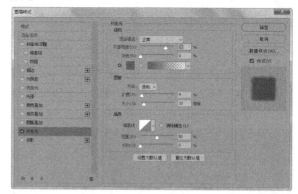

图 8-28

20 单击"确定"按钮，即可为文本应用图层样式，效果如图 8-29所示。

图 8-29

(21) 选择"横排文字工具" T，在属性栏中设置字体为"黑体"，文字大小为"44.38 点"，文字颜色为白色，在圆角矩形内部输入文本，如图 8-30 所示。

图 8-30

(22) 双击该文本图层，打开"图层样式"对话框，勾选"投影"选项，设置参数，如图 8-31 所示。单击"确定"按钮，即可为文本应用图层样式，效果如图 8-32 所示。双十二促销广告制作完成，最终效果如图 8-33 所示。

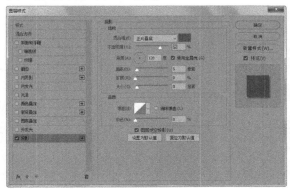

图 8-31

图 8-32

图 8-33

8.2 直通车推广图设计

直通车是为卖家量身定做的推广工具，而直通车推广图是为了推广店铺产品所设计的活动图。本节将详细讲解设计直通车推广图的具体方法。

8.2.1 直通车存在的意义

直通车能给店铺中的商品和整个店铺带来流量，提高商品和店铺的曝光率。直通车存在的意义主要体现在以下几个方面。

- 精准引流：被直通车推广了的商品，只要进入购物网站浏览商品的顾客都可以注意到，这样大大提高了商品的曝光率，给卖家带来了更多的潜在顾客。

- 有效关联：直通车能给店铺带来人气。虽然推广的是单个的商品，但很多买家进入店铺后会习惯性浏览其他宝贝，一个点击带来的可能是几个成交量，这种连锁反应是直通车推广的优势，这种推广能增加电商店铺的人气。

- 精准投放：相对于其他推广方式，直通车的推广方式更为精准。直通车在展位上免费展示卖家的商品，卖家按买家点击量付费。通过自由设置日消费限额、投放时间、投放地域，并根据自己店铺商品的类型和购买人群精准投放，有效控制花销，能在保证推广效果的同时合理降低卖家成本。

8.2.2 直通车推广图设计技巧

直通车广告要吸引浏览者点击，引来流量，除了要做好文字的提炼和排版之外，还要制作必不可少的推广图。在制作推广图时，要清楚掌握8大设计技巧。

1. 要对设计做好定位

通常情况下，直通车的推广图是视觉优化的重要部分。一般先要根据推广定位来确定该商品所要投放的位置，这样更加方便对该商品的周边商品进行分析，使得其在设计上突出亮点，吸引买家注意，然后还要确定该商品推广针对的消费人群，通过分析消费人群的喜好、消费能力和生活习惯等因素来确定设计风格和促销方式。一般推广图的尺寸是310像素×310像素，如图8-34所示。

图 8-34

2. 要将商品的卖点重点展现出来

确定好直通车推广图的定位后，接着就要设计推广图的具体内容了，在设计的时候，一定要将商品的卖点重点展现出来，如图8-35所示。

图 8-35

3. 懂得突出商品与背景的色彩差异

如果一个商品的颜色与背景色相同或相近的话，那么很容易使得商品的辨识度降低，同时也让消费者很难将注意力集中在商品上。尽量使用对比色、冷暖色，将商品颜色和背景颜色区分开来，若是需要使用相近的颜色，也可以制作渐变背景，突出商品，如图8-36所示，上图为使用对比色，下图为使用相近色。

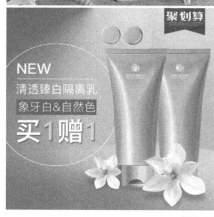

图 8-36

4. 要保证商品处于重要位置

在制作直通车推广图的时候还要考虑买家的浏览习惯，一般都是先浏览图片再浏览文字，如果先浏览文字再浏览图片，很容易使消费者产生疲劳。同时，也不要让大量的文字覆盖商品，这样很容易影响商品展示的完整性。

5. 要学会准确展现商品

想要买家多留意店铺的商品，就需要懂得利用商品搭配的方法来吸引买家注意力。在展示商品和拍摄商品的时候，要懂得利用一些其他商品来进行搭配，但是一定要区分出主次关系，主要商品一定要占到图片2/3的面积，这样才能让消费者很好地区别商品，避免造成误解。

6. 保持图片的清晰度很重要

保持清晰度是直通车推广图最基本的一点，清晰的图片能够让人感受到商品的质感，在设计图片时，需要将较暗的图片调亮，也可以对模糊的图片进行锐化处理，使其变得更加清晰。

7. 要统一排布文字

制作直通车推广图时，切忌胡乱排布文字，这样不仅会显得杂乱不堪，还很容易引起买家的不适感。直通车推广图中的文字需要排布整齐，所有文字都统一居左或居右，一般情况下文字的字体、颜色、样式、行距等需要统一设置，也可以根据不同的情况来调整文字的属性。

8. 要懂得优化文字的信息

直通车推广图不但要展示商品的亮点，而且还要展示其价格，明确地向顾客展示商品的所有信息，同时，也可以适当利用文字，放大商品的功能，对消费者产生更大的吸引力。

8.2.3 课堂案例——制作精美手表直通车推广图

实例效果：素材\第8章\8.2.3\制作精美手表直通车推广图.psd

素材位置：素材\第8章\8.2.3\手表.png

在线视频：第8章\8.2.3 课堂案例——制作精美手表直通车推广图.mp4

实用指数：☆☆☆☆☆

技术掌握：矩形工具、横排文字工具、图层样式的使用方法

01 启动Photoshop CC 2019软件，执行"文件"→"新建"命令，新建一个800像素×800像素的文件，背景颜色设置为浅紫色（#b9bede），如图8-37所示。

图 8-37

02 选择工具箱中的"矩形工具" ，在属性栏中设置"填充"为#ffe6df，"描边"为无，在画面上方绘制矩形，如图8-38所示。

图 8-38

03 双击"矩形1"图层，打开"图层样式"对话框，勾选"投影"选项，设置参数，如图8-39所示。单击"确定"按钮，即可应用图层样式，效果如图8-40所示。

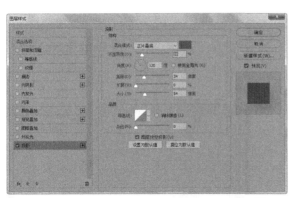

图 8-39

图 8-40

04 选中"矩形 1"图层,按Ctrl+J组合键,复制该图层,将复制的图层的图层样式清除。再选中复制的矩形,按Ctrl+T组合键,调整该矩形的大小和位置,如图8-41所示。

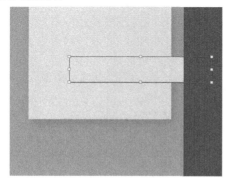

图 8-41

05 继续选择"矩形工具" ,在属性栏中设置"填充"为#cfe7ee,"描边"为无,在画面左侧绘制矩形,如图8-42所示。

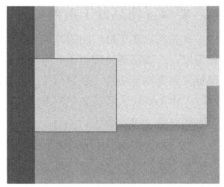

图 8-42

06 选择工具箱中的"椭圆工具" ,在属性栏中设置"填充"为#ffe6df,"描边"为无,在画面底部绘制小圆形,如图8-43所示。

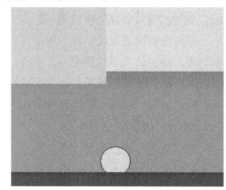

图 8-43

07 双击"椭圆 1"图层,打开"图层样式"对话框,勾选"投影"选项,设置参数,如图8-44所示。

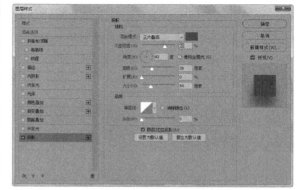

图 8-44

08 单击"确定"按钮,即可应用投影样式,效果如图8-45所示。

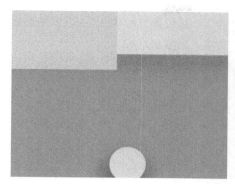

图 8-45

09 按Ctrl+J组合键，复制"椭圆 1"图层，生成"椭圆 1 拷贝"图层。修改该图层中的圆形的大小、颜色、位置和"投影"参数，如图8-46所示。

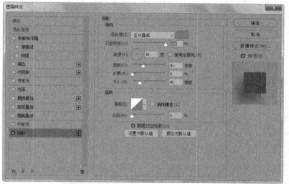

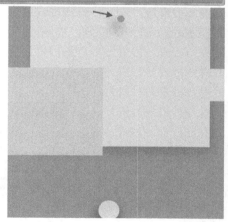

图 8-46

10 按Ctrl+J组合键，复制"椭圆 1 拷贝"图层，生成"椭圆 1 拷贝 2"图层。修改该图层中的圆形的大小、颜色、位置和"投影"参数，如图 8-47所示。

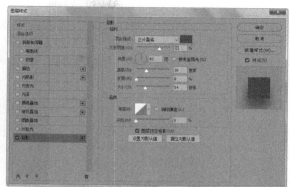

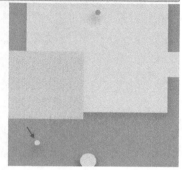

图 8-47

11 按Ctrl+J组合键，复制"椭圆 1 拷贝 2"图层，生成"椭圆 1 拷贝 3"图层。修改该图层中的圆形的大小、颜色、位置和"投影"参数，如图 8-48所示。

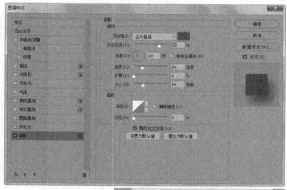

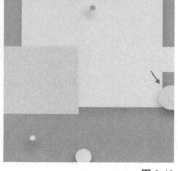

图 8-48

⑫ 按Ctrl+J组合键，复制"椭圆 1 拷贝 3"图层，生成"椭圆 1 拷贝 4"图层。修改该图层中的圆形的大小、颜色、位置和"投影"参数，如图8-49所示。

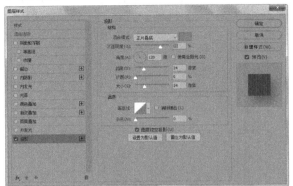

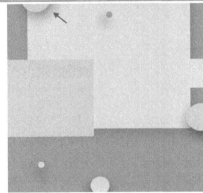

图 8-49

⑬ 按Ctrl+O组合键，打开"手表.png"素材，将其拖曳到画面右侧，如图8-50所示。

图 8-50

⑭ 选择"矩形工具"，在属性栏中设置"填充"为无，"描边"为白色，描边宽度为"1.49

点"，描边类型为虚线，在左侧矩形处绘制虚线矩形框，如图8-51所示。

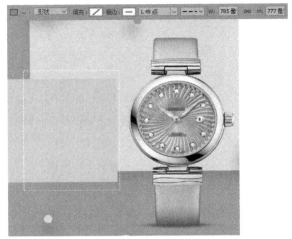

图 8-51

⑮ 选中"矩形 2"图层，单击"图层"面板底部的"添加图层蒙版"按钮 ，为该图层添加图层蒙版。

⑯ 选中图层蒙版，选择"矩形工具"，在属性栏中设置工具模式为"像素"，在虚线矩形框的右侧边缘处绘制矩形，将右侧的虚线遮盖住，如图 8-52所示。

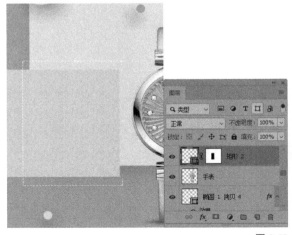

图 8-52

⑰ 使用"横排文字工具"，在虚线矩形框内部输入文本，设置上方文本字体为"黑体"，下方文本字体为"幼圆"，文字大小都为"57 点"，文字颜色为#424a95，如图8-53所示。

图 8-53

⑱ 选择"矩形工具" ▭，在属性栏中设置"填充"为#ffdead，"描边"为无，在文本下方绘制一个较小的矩形，如图 8-54 所示。

图 8-54

⑲ 使用"横排文字工具" T，在小矩形中输入文本，设置字体为"黑体"，文字大小为"18.41点"，文字颜色为黑色，如图 8-55 所示。

图 8-55

⑳ 在小矩形的上方输入英文文本"LIGHT STYLE"（浅色），设置字体为Arial，文字大小为"8.72 点"，文字颜色为白色，如图 8-56 所示。

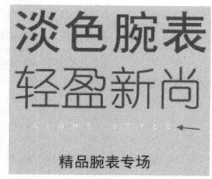

图 8-56

㉑ 选择工具箱中的"直排文字工具" IT，在虚线矩形框的右侧空白处输入英文"SING FOR YOU"（为你唱歌），设置字体为Bell MT，文字大小为"47 点"，文字颜色为#6871b6，文字效果如图 8-57 所示。

图 8-57

㉒ 修改字体为黑体，文字大小为"9 点"，在虚线矩形框内空白处继续输入文本，如图 8-58 所示。

图 8-58

㉓ 按Ctrl+J组合键，复制"椭圆 1"图层，生成"椭圆 1 拷贝 5"图层。修改该图层中的圆形的大小、颜色、位置和"投影"参数，并将该图层移至所有图层的上方，如图 8-59所示。精美手表直通车推广图制作完成，最终效果如图 8-60所示。

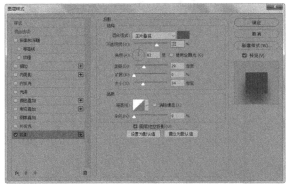

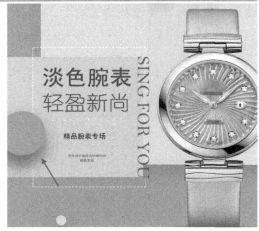

图 8-59

图 8-60

8.3 钻展图设计

钻展图即放置在钻石展位的广告图，其中，钻石展位（简称"钻展"）是电商店铺图片类广告位竞价投放平台。通过钻展图可以加大宣传力度，从而促使顾客购买。本节将详细讲解设计钻展图的具体方法。

8.3.1 钻展图的含义

钻展图的全称是钻石展位图，是为卖家提供的一种营销工具。钻石展位依靠图片创意吸引买家点击，获取流量。钻石展位是按流量竞价售卖的广告位，计费单位为CPM（每千次浏览单价），按照出价从高到低进行展现。卖家可以根据群体（地域和人群）、访客、兴趣点3个方向设置定向展现。

钻展图具有以下特点。

- 范围广：覆盖全国80%的网上购物人群，每天超过12亿次展现机会。
- 定向精准：定向性强，迅速锁定目标人群，广告投其所好，提高转化率。
- 实时竞价：投放计划可随时调整，实时生效并参与竞价。

在制作钻展图时，要清楚了解钻展图的推广策略，才能吸引买家的目光，从而增加购买力度。钻展图的推广策略有以下几点。

- 单品推广：如果店铺中有爆款单品，可以使用这种推广方式。可以通过一个爆款单品带动整个店铺的商品销量。
- 活动推广：适合有一定活动运营能力的成熟店铺，以及需要短时间内大量引流的店铺。
- 品牌推广：适合明确了品牌定位和独立风格的店铺。

8.3.2 钻展图设计要求

在制作钻展图时具有以下要求。

1. 因地制宜

和直通车不同，钻展的位置众多且尺寸各异。钻展图的投放地包括天猫首页、淘宝首页、阿里旺旺、站外门户、站外社区、手机淘宝等，对应的钻展图尺寸高达数十种。针对的人群不同，钻展图的位置和尺寸也不同。除了考虑群体的影响，还需要根据群体的兴趣点来确定钻展图的位置。

2. 主题突出

钻展图可以是产品图片，可以是创意方案，还可以是买家诉求的呈现。钻展图的可操作性要比直通车推广图更强，这是因为一般钻展图的尺寸要相对大一些，且有多种规格可选。在这种情况下，要求钻展图一定要突出，才能够吸引更多买家点击。

3. 目标明确

相对于直通车而言，钻展投放的目的可能会有很多种，比如通过钻展引流到聚划算，预热大型活动，进行品牌形象宣传，推介新商品等。所以，在钻展图的设计中，首先需要卖家明确自己的营销目标，再根据它进行有针对性的素材选择和设计，这样点击率才更有保障。

4. 形式美观

形式美观的钻展图更能获取顾客好感进而实现高点击率。在素材相同，创意类似的情况下，钻展图片的美感就成了决胜关键。

8.3.3 课堂案例——制作沙发钻展图

实例效果：素材\第8章\8.3.3\制作沙发钻展图.psd

素材位置：素材\第8章\8.3.3\沙发.png

在线视频：第8章\ 8.3.3 课堂案例——制作沙发钻展图.mp4

实用指数：☆☆☆☆☆

技术掌握：矩形工具、圆角矩形工具、直接选择工具、图层样式的使用方法

01 启动Photoshop CC 2019软件，执行"文件"→"新建"命令，新建一个800像素×800像素的文件，如图8-61所示。

图 8-61

02 选择工具箱中的"矩形工具" ▭ ，在属性栏中设置"填充"为#cff5f5，"描边"为无，在画面上方绘制矩形，如图 8-62所示。

图 8-62

03 按Ctrl+T组合键，旋转矩形，并移至画面右上角，如图 8-63所示，按Enter键确认。

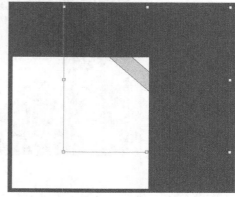

图 8-63

04 选中"矩形 1"图层，按Ctrl+J组合键，复制

该图层，生成"矩形 1 拷贝"图层，向左下方向移动复制的矩形，如图 8-64 所示。

图 8-64

05 使用相同的方法，再复制"矩形 1"图层两次，移动复制的图形，如图 8-65 所示。

图 8-65

06 选择工具箱中的"钢笔工具"，在属性栏中设置"填充"为#548e8d，"描边"为无，在画面左侧绘制三角形，如图 8-66 所示。

图 8-66

07 执行"文件"→"置入嵌入对象"命令，在弹出的"置入嵌入的对象"对话框中选择"沙发.png"素材，如图 8-67 所示。

图 8-67

08 单击"置入"按钮，将素材置入画面，移至画面中心位置，如图 8-68 所示。

图 8-68

09 选择"横排文字工具"，设置字体为"黑体"，文字大小为"31.5 点"，文字颜色为白色，在沙发上方输入文本，如图 8-69 所示。

图 8-69

10 双击该文字图层，打开"图层样式"对话框，勾选"描边"选项，设置"描边"参数，如图 8-70所示。

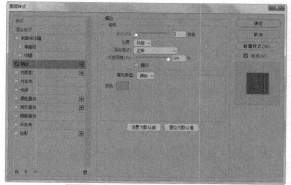

图 8-70

⑪ 修改文字大小为"113 点"，文字颜色为 #548e8d，在画面上方继续输入文字，如图 8-71 所示。

图 8-71

⑫ 双击新输入的文字图层，打开"图层样式"对话框，勾选"描边"选项，设置"描边"参数，如图 8-72所示。

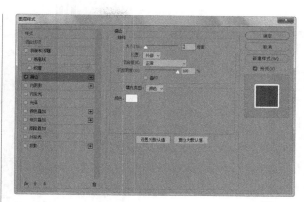

图 8-72

⑬ 勾选"渐变叠加"选项，单击"渐变"右侧的颜色条，弹出"渐变编辑器"对话框，设置渐变颜色，如图 8-73所示。单击"确定"按钮，返回"图层样式"对话框，设置参数，如图 8-74所示。

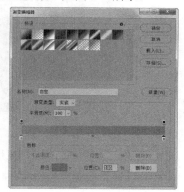

图 8-73

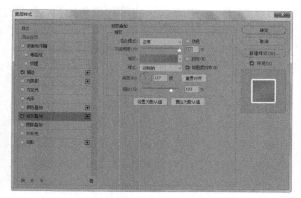

图 8-74

⑭ 最后勾选"投影"选项，设置"投影"参数，如图 8-75所示。单击"确定"按钮，即可为文字应用图层样式，如图 8-76所示。

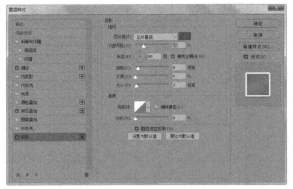

图 8-75

图 8-76

(15) 选择工具箱中的"圆角矩形工具" ，在属性栏中设置"填充"为#06c1a4，"描边"为无，在"属性"面板中设置圆角半径为"46像素"，如图 8-77所示，在画面下方绘制圆角矩形，如图8-78所示。

图 8-77　　　　　**图 8-78**

(16) 选择工具箱中的"直接选择工具" ，选中圆角矩形左侧的锚点，向左拖曳，调整圆角矩形的形状，如图 8-79所示。

图 8-79

(17) 选择工具箱中的"椭圆工具" ，在属性栏中设置"填充"为从#ff7308到#f7b143的线性渐变，如图 8-80所示，"描边"为#f9e48b，描边宽度为"8.27 像素"，在画面右下角绘制圆形，如图8-81所示。

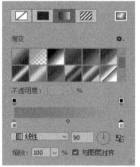

图 8-80

图 8-81

(18) 选择"圆角矩形工具" ，在属性栏中设置"填充"为#fe740a，"描边"为无，在画面中绘制一个较小的圆角矩形，如图 8-82所示。

(19) 选择"横排文字工具" ，设置字体为"黑体"，文字颜色为白色，适当设置文字大小，在绘制的圆角矩形和圆形中输入文本，如图8-83所示。

作完成，最终效果如图8-86所示。

图 8-82

图 8-83

⑳ 选择"圆角矩形工具" ，在属性栏中设置"填充"为#fe740a，"描边"为无，在"属性"面板中设置圆角半径为"42.5像素"，在画面左上角绘制圆角矩形，如图8-84所示。

图 8-84

㉑ 按Ctrl+J组合键，复制该圆角矩形图层，修改复制的圆角矩形的"填充"为#06c1a4，并向左移动，如图8-85所示。

㉒ 最后在圆角矩形中输入文字，沙发钻展图制

图 8-85

图 8-86

8.4 本章小结

本章详细介绍了使用Photoshop设计促销广告、直通车推广图和钻展图的方法，并搭配基础知识讲解，让读者快速上手。

8.5 课后习题

8.5.1 课后习题——制作坚果食品直通车推广图

实例效果：素材\第8章\8.5.1\制作坚果食品直通车推广图.psd
素材位置：素材\第8章\8.5.1
在线视频：第8章\8.5.1课后习题——制作坚果食品直通车推广图.mp4
实用指数：☆☆☆☆
技术掌握："色相/饱和度"命令、图层样式的使用方法

本习题主要练习"色相/饱和度"命令和图层样式的使用，置入多个素材并添加图层样式，制作坚果

食品直通车推广图，最终画面效果如图8-87所示。

图 8-87

步骤如图 8-88所示。

图 8-88

8.5.2 课后习题——制作情人节鲜花钻展图

实用效果：素材\第8章\8.5.2\制作情人节鲜花钻展图.psd

素材位置：素材\第8章\8.5.2

在线视频：第8章\8.5.2课后习题——制作情人节鲜花钻展图.mp4

实用指数：☆☆☆☆

技术掌握：圆角矩形工具、自定形状工具、横排文字工具和图层样式的使用方法

本习题主要练习圆角矩形工具、自定形状工具、横排文字工具和图层样式的使用，制作情人节

鲜花钻展图，最终效果如图 8-89所示。

图 8-89

步骤如图 8-90所示。

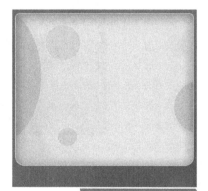

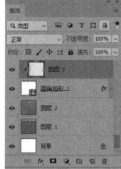

图 8-90

第**9**章

手机端电商店铺视觉设计

―――――――――――――― 内容摘要 ――――――――――――――

随着网上购物的兴起，手机购物也随之迅猛地发展起来。卖家也纷纷意识到手机电商的重要性，一个好的手机端电商店铺，带来的产品销售量不可小觑。本章将详细讲解手机端电商店铺的首页、详情页和其他页面的设计方法。

课堂学习目标

- 认识手机端电商店铺
- 掌握手机端电商店铺首页的设计技巧
- 掌握手机端电商店铺详情页的设计方法

9.1 手机端电商店铺

由于手机屏幕的特征和界面的要求与计算机差异较大，手机端电商店铺的视觉设计与PC端电商店铺有着很大的区别，下面将对手机端电商店铺的基础知识进行详细介绍。

9.1.1 手机端电商店铺与PC端电商店铺的区别

手机端电商店铺与PC端电商店铺有5个方面的区别，下面分别进行介绍。

1. 尺寸

手机屏幕的大小影响着手机端电商店铺页面的尺寸，若尺寸不合适，会造成界面混乱和浏览效果不佳的问题，如图9-1所示。

图 9-1

2. 布局

手机端电商店铺比PC端电商店铺更受大众青睐，手机端比起PC端阅读起来更加快速，操作也更加方便，因此布局要简洁明了，不需要过多的装饰，如图9-2所示。

图 9-2

3. 详情页

PC端电商店铺的详情页会通过较多的文字说明产品的卖点、店铺促销活动和优惠等信息，手机端电商店铺的详情页则要使用简洁的文字和适当的图片信息精简地将详情阐述出来，如图9-3所示。

图 9-3

4. 分类

手机端店铺的商品分类要明确，模块划分清晰，体现少而精的特点，最好以图片展现，如图9-4所示。

图 9-4

5. 颜色

许多PC端店铺会用深色系体现店铺风格，而手机端店铺由于页面面积小，视觉受限，因此店铺颜色要鲜亮，才能使消费者有愉悦感，如图9-5所示。

图 9-5

9.1.2 手机端电商店铺设计规范

手机端店铺的设计规范有以下几点。

1. 版式

排版要清晰，色块区别要明显，出现在屏幕中的信息数量不要超过4个，避免出现信息拥挤和在浏览信息的时候出现屏幕显示错误，如图9-6所示。

图 9-6

2. 海报尺寸

手机端店铺海报尺寸一般为750像素×850像素或750像素×950像素。

3. 画面

手机端店铺要想突显出品牌感、时尚感，可以在条理清楚的情况下尽可能把画面图形化、图标化。可以使用图形、图标的形式表达文字内容，使画面的细节丰富起来，不仅让人感觉清晰明了，还显得非常精致，如图9-7所示。

图 9-7

4. 文字

语言尽量精炼，用简洁且精辟的文字进行信息描述，如图9-8所示。需要注意的是，不要使用小于18点的字号，阅读起来较舒适的文字大小为24点。

图 9-8

9.1.3 课堂案例——手机端女包店铺布局设计

实例效果：	素材\第9章\9.1.3\手机端女包店铺布局设计.psd
素材位置：	素材\第9章\9.1.3
在线视频：	第9章\9.1.3 课堂案例——手机端女包店铺布局设计.mp4
实用指数：	☆ ☆ ☆ ☆ ☆
技术掌握：	椭圆工具、钢笔工具、"色相/饱和度"命令的使用方法

01 启动Photoshop CC 2019软件，执行"文件"→"新建"命令，新建一个642像素×1881像素的文件，如图9-9所示。

图 9-9

02 执行"文件"→"打开"命令，打开"鲜花.png"素材，将其拖曳至画面顶部，如图9-10所示。

图 9-10

03 将该素材所在的图层改名为"店招"。单击
"图层"面板底部的"创建新的填充或调整图层"
按钮 ，在弹出的快捷菜单中选择"色相/饱和
度"选项，在"属性"面板中设置"色相/饱和
度"参数，如图9-11所示。

图9-11

04 设置参数后，素材色调发生了变化，如图
9-12所示。选择"色相/饱和度1"图层，单击鼠标
右键，在弹出的快捷菜单中选择"创建剪贴蒙版"
选项。选中"色相/饱和度1"图层的剪贴蒙版，选
择黑色画笔，适当设置不透明度，在鲜花上涂抹，
显示出鲜艳的颜色，如图9-13所示。

图9-12

图9-13

05 选择工具箱中的"横排文字工具" ，在属性
栏中设置字体为"幼圆"，文字颜色为#693773，适
当设置文字大小，在店招左侧输入文本，如图9-14
所示。

图9-14

06 选择工具箱中的"椭圆工具" ，在属性栏
中设置"填充"为无，"描边"为#693773，描边
宽度为"2像素"，在文本左边绘制圆形框，如图
9-15所示。

图 9-15

07 选中"椭圆 1"图层，单击鼠标右键，在弹出的快捷菜单中选择"栅格化图层"选项，将该图层栅格化。

08 使用"橡皮擦工具" ✎ 在圆形框与文字重叠的位置擦拭，效果如图 9-16所示。

图 9-16

09 按Ctrl+O组合键，打开"导航条.png"素材，将其拖曳至店招的下方，如图 9-17所示。

图 9-17

10 打开"背景图.jpg""女包.png"和"阴影.png"素材，将其拖曳至导航条下方，调整图层位置，如图 9-18和图 9-19所示。

图 9-18

图 9-19

11 选中"阴影"图层，单击"图层"面板底部的"添加图层蒙版"按钮，为其添加图层蒙版，使用黑色画笔在阴影两侧涂抹，并将"阴影"图层的"不透明度"调整为64%，使阴影更自然，如图 9-20所示。

图 9-20

⑫ 选中顶端的"女包"图层，单击"图层"面板底部的"创建新的填充或调整图层"按钮 ，在弹出的快捷菜单中选择"色相/饱和度"选项，在"属性"面板中设置"色相/饱和度"参数，如图9-21所示。

图 9-21

⑬ 为"色相/饱和度 2"图层创建剪贴蒙版，并选中该图层的剪贴蒙版，使用黑色画笔在女包的图案上涂抹，将图案原来的颜色显示出来，如图9-22所示。

图 9-22

⑭ 选中工具箱中的"直排文字工具" ，在属性栏中设置字体为"黑体"，文字颜色为#693773，适当调整文字大小，在背景图左侧输入文本，制作海报效果，如图9-23所示。

图 9-23

⑮ 按Ctrl+O组合键，打开"底色.png"素材，将其拖曳至海报的下方，如图9-24所示。

图 9-24

⑯ 使用"椭圆工具" ，在空白处绘制3个圆形，左右两边的圆形"填充"为#6f4776，中间的圆形"填充"为#e9bf53，如图9-25所示。

图 9-25

⑰ 选择"横排文字工具" T ，设置字体为"黑体"，在圆形内输入白色文字，制作优惠券，如图9-26所示。

图9-26

⑱ 选择"椭圆工具" ，在属性栏中设置"填充"为无，"描边"为白色，描边宽度为"1.5像素"，在圆形底部绘制一个较小的矩形框，如图9-27所示。

图9-27

⑲ 在矩形框内部输入"立即领取"文本，如图9-28所示。复制矩形框和框内文本两次，将复制的矩形框和框内文本移至另外两个圆形内，如图9-29所示。

图9-28

图9-29

⑳ 在优惠券下方输入英文"NEW COLLECTION"（新收藏），字体为Algerian，文字大小为"48点"，文字颜色为#693672，如图9-30所示。

图9-30

㉑ 在英文下方绘制矩形和直线，并在矩形内输入"新品上市"，在矩形下方输入 "BEST CHOICEAND BEST DISCOUNTS"（最佳选择，最大优惠），如图9-31所示。

图9-31

㉒ 选择"矩形工具" ，设置"填充"为#693773，"描边"为无，在画面下方空白处绘制4个大小相同的矩形，如图9-32所示。

㉓ 将4个矩形图层全部选中，单击右键，选择"合并图层"选项，将多个矩形图层合并为一个图层，并栅格化该图层，在"图层"面板中设置"不透明度"为22%，如图9-33所示。

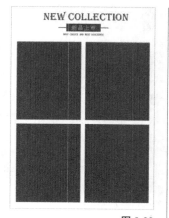

图 9-32

图 9-33

㉔ 选择"钢笔工具"，设置"填充"为
#693773，"描边"为无，在矩形左上方绘制图
形，如图 9-34所示。

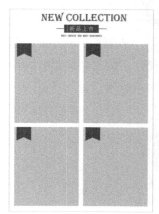

图 9-34

㉕ 最后在各个矩形左上方的图形中分别输入
"新品""包邮""热销""爆款"，最终效果如

图 9-35所示。

图 9-35

9.2　手机端电商店铺首页装修

　　手机端电商店铺首页装修与PC端电商店铺首
页装修不同，本节将详细讲解手机端电商店铺首页
装修的方法。

9.2.1　首页装修技巧

　　与PC端不一样，手机的屏幕较小，商品信息多
是单列展示，浏览顺序一般也是从上到下。如果用
双列图片展示产品，顾客的兴趣就会大大降低，体
验就会变差。因此，手机端的网店装修时可以巧用
各种大模块的组合，如焦点图、左文右图及多图等
模块，可以使手机端店铺的首页显得更有趣味性。

9.2.2 店招

手机端电商店铺中的店招尺寸是640像素×200像素，图片支持的是JPG、GIF和PNG等格式，如图9-36所示。

图 9-36

技巧与提示

在制作手机端淘宝店铺的店招后，需要将制作好的店招保存为JPG格式，并上传到图片空间中，在"手机淘宝店铺"页面中将已添加到图片空间中的店招图片上传进"店招"模块即可。

9.2.3 焦点图

手机端焦点图设计和PC端的首页海报设计是一样的，但是由于手机屏幕较小，无论是展示产品还是展示促销活动，主题要简明突出，吸引浏览者的目光。

- 主题突出：无论是展示产品还是展示促销活动，焦点图的主题要简明突出，可以通过对字体进行加粗或使用对比颜色等处理方式来体现。
- 色彩鲜明：使用鲜明的颜色来吸引浏览者的目光。由于手机屏幕较小，制作手机端焦点图时切忌使用暗沉的颜色。

在制作手机端焦点图时，焦点图模块中的图片最多可以放置4个，最少1个，尺寸建议为608像素×304像素，图片格式为JPG、PNG等。商家在制作焦点图时可以尝试展示店铺优惠活动、促销内容或主推产品等，如图9-37所示。

图 9-37

9.2.4 优惠券

优惠券可抵减购买产品的费用，是一种常见的针对消费者的营销推广工具，在手机端店铺首页中占重要位置，如图9-38所示。

图 9-38

9.2.5 活动区

活动区的装修需要一定的设计功底，主要是用来放置参与活动的商品，如新上市商品、特卖商品等。在设计手机端活动区时，商家一定要对活动数量和分布排版进行合理地设计。需要注意的是，要让店铺的主打商品突显出来，如图9-39所示。

图 9-39

9.2.6 分类区

在制作手机端的分类区时，由于手机的屏幕限制，产品分类需要简单明了，便于顾客选择，如图9-40所示。

图 9-40

9.2.7 商品展示区

手机端的商品展示区用于展示店铺商品，其设计方法与PC端商品展示区的设计方法类似，在制作手机端的商品展示区时，由于手机的屏幕较小，因此在展示商品时，只能单排或双排展示，这样才能方便顾客浏览和选购，如图9-41所示。

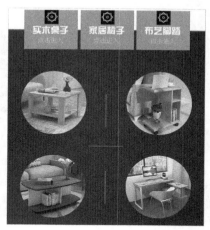

图 9-41

9.2.8 课堂案例——制作手机端时尚家具店铺首页

实例效果：素材\第9章\9.2.8\制作手机端时尚家具店铺首页.psd

素材位置：素材\第9章\9.2.8

在线视频：第9章\9.2.8 课堂案例——制作手机端时尚家具店铺首页.mp4

实用指数：☆☆☆☆☆

技术掌握：横排文字工具、圆角矩形工具、矩形工具、直线工具的使用方法

01 启动Photoshop CC 2019软件，执行"文件"→"新建"命令，新建一个608像素×1885像素的文件，如图9-42所示。

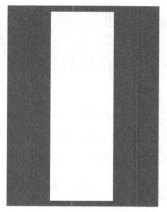

图 9-42

02 执行"文件"→"打开"命令，打开"背景图.jpg"素材，拖曳至画面顶端，如图9-43所示。

图 9-43

03 选择"横排文字工具" T，在属性栏中设置字体为"黑体"，文字大小为"60点"，文字颜色为#3b4367，在背景图的左上角输入文字，如图9-44所示。

图 9-44

04 修改文字大小为"42.82 点"，在文字下方再输入文字，如图9-45所示。

图 9-45

05 选择工具箱中的"圆角矩形工具" ，在

属性栏中设置"填充"为#c9a942，"描边"为#b28850，描边宽度为"1点"，在文字的下方绘制小的圆角矩形，如图9-46所示。

图9-46

⑥ 分别在圆角矩形内部和背景图左上角输入较小的文字，适当设置文字颜色和大小，如图9-47所示。

图9-47

⑦ 选择"矩形工具" <kbd></kbd>，在属性栏中设置"填充"为#d3b167，"描边"为无，在背景图底部绘制矩形，如图9-48所示。

图9-48

⑧ 选中矩形所在的图层，按Ctrl+J组合键复制绘制的矩形的图层，修改复制的矩形的"填充"为#48558a，并按Ctrl+T组合键，调整其宽度，将复制的矩形向右移动，如图9-49所示

图9-49

⑨ 使用"横排文字工具" <kbd>T</kbd>，在左侧的矩形内输入文字"优惠券"和"COUPONS"（优惠券），字体为"黑体"，文字颜色为白色，如图9-50所示。

图9-50

⑩ 选择工具箱中的"直线工具" <kbd></kbd>，在属性栏中设置"填充"为白色，"描边"为无，在蓝色矩形的中间绘制一条直线，如图9-51所示。

⑪ 在蓝色矩形的左右两边绘制小矩形，"填充"为#3c4468，"描边"为无，如图9-52所示。

图 9-51

图 9-52

⑫ 在蓝色矩形中也输入文本，完成优惠券的制作，如图9-53所示。

图 9-53

⑬ 按Ctrl+O组合键，打开"家具.png"素材，将其拖曳至优惠券的下方，如图9-54所示。

图 9-54

⑭ 在家具图边缘绘制圆形边框，设置"填充"为无，"描边"为#48558a，描边宽度为"2点"，如图9-55所示。

图 9-55

⑮ 在家具下方各绘制一个矩形，设置"填充"为#48558a，"描边"为无，如图9-56所示。

图 9-56

⑯ 在矩形中输入文字，字体为"黑体"，文字颜色为白色，如图9-57所示。

图 9-57

17 在下方空白处绘制白色矩形，为了方便查看，隐藏"背景"图层，如图 9-58 所示。

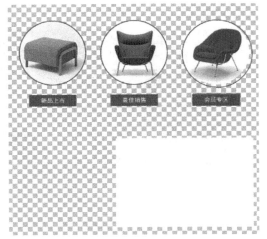

图 9-58

18 按 Ctrl+O 组合键，打开"木制柜子.jpg"素材，将其拖曳至白色矩形的位置，如图 9-59 所示。

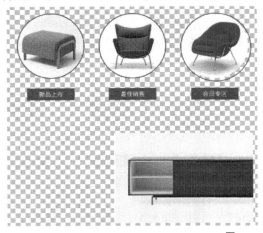

图 9-59

19 按住 Alt 键，将光标移至"木制柜子"图层和"矩形 7"图层之间，当光标变为 ▸□ 形状时，单击鼠标左键，为"木制柜子"图层创建剪贴蒙版，如图 9-60 所示。

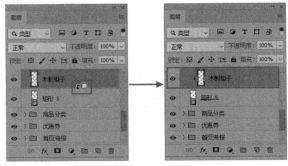

图 9-60

20 显示"背景"图层，在木制柜子左侧绘制黄色（#e2be72）矩形，并在矩形内输入文字，如图 9-61 所示。

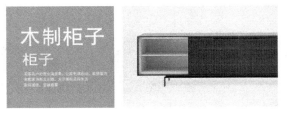

图 9-61

21 隐藏"背景"图层，在下方绘制白色矩形，如图 9-62 所示。

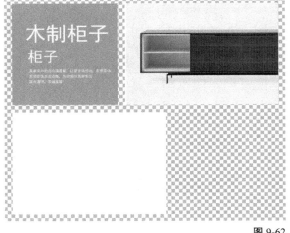

图 9-62

22 按 Ctrl+O 组合键，打开"蓝色沙发.jpg"素材，将其拖曳至白色矩形的位置，如图9-63所示。

图 9-63

㉓ 按住Alt键，将光标移至"蓝色沙发"图层和"矩形 9"图层之间，当光标变为 形状时，单击鼠标左键，为"蓝色沙发"图层创建剪贴蒙版，效果如图9-64所示。

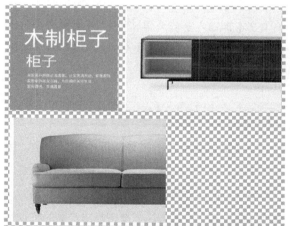

图 9-64

㉔ 在蓝色沙发右侧绘制蓝色（#a4c1c5）矩形，并在矩形内输入文字，如图9-65所示。

图 9-65

㉕ 使用相同的方法，制作红色圆桌和深蓝座椅部分，效果如图9-66所示。

图 9-66

㉖ 显示"背景"图层，手机端时尚家具店铺首页制作完成，效果如图9-67所示。

图 9-67

图 9-67（续）

9.3 手机端电商店铺详情页装修

手机端电商店铺和PC端电商店铺一样，也包含详情页，但是由于手机与计算机的图片尺寸要求不同，很多产品的详情页会出现不显示或排版错乱的情况。因此，为了使手机用户获得更好的购物体验，装修好手机详情页至关重要。

9.3.1 详情页设计规范

手机端电商店铺详情页的设计规范有以下5点。

1. 支持的格式

手机端详情页产品描述可使用音频、图片和纯文本。每个手机端详情页至少要包含以上元素中的

一种才能发布成功，其中图片仅支持JPG、GIF和PNG格式。

2. 详情页的大小

手机端详情页的总大小（图片+文字+音频）不得超过1.5 MB。

3. 单张图片尺寸

单张图片的尺寸标准为480像素≤宽度≤620像素（宽度介于480像素和620像素之间），高度≤960像素（高度不超过960像素）。

4. 音频

每个手机端详情页只能添加一个音频，时长建议不超过30秒，大小不超过200 KB，支持MP3格式。音频的内容可以围绕产品卖点、品牌故事、产品特色、产品优惠等展开。

5. 文字

手机端详情页中的文本总字数不超过5 000，单个文本框输入字数不超过500。当需要在图片上添加文字时，中文文字大小至少为30点，英文和阿拉伯数字大小至少为20点。

9.3.2 产品描述要素

产品描述就是在手机详情页中通过文字、图片等形式，阐述这个产品的功能和特性，主要向顾客展现，产品详情页直接影响单品甚至店铺、关联产品的销售。产品描述需要突显出产品的特点和优点。

在制作手机端详情页时，产品描述有5大要素。

1. 关联销售

关联销售切记要精简，建议推荐店铺中热卖或主推产品，一般商家都会主推店铺新品，目的是为新品尽快积累单品基础销量，如图9-68所示。

图 9-68

2. 产品参数

产品参数建议采用上下构图，清楚展现产品信息即可，如图 9-69所示。

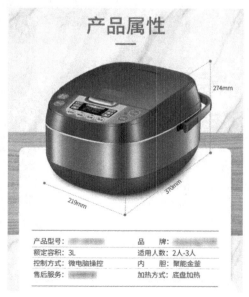

图 9-69

3. 产品细节描述

在对产品进行细节描述时，需要多角度展示产品，或者对产品局部进行特写，完美地呈现出细节优势，如图 9-70所示。

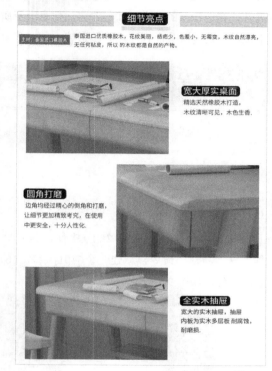

图 9-70

4. 产品特点

描述产品特点的目的主要是突出产品优势、吸引买家关注。产品特点一般可以通过优劣对比、拟人、破坏性试验、类比等方式呈现。图 9-71所示为商家通过对比的方式突出产品优势。

图 9-71

5. 增值服务

增值服务主要是指为顾客提供超出常规服务范围的服务，使得产品的价值增加。商家可以根据类目特性、产品特性、行业标准要求在此处增加可以提升顾客信任度的内容，如包含售后信息、资质认证或厂家其他服务内容的相关展示等。

9.3.3 课堂案例——制作手机端大米详情页

实例效果：	素材\第9章\9.3.3\制作手机端大米详情页.psd
素材位置：	素材\第9章\9.3.3
在线视频：	第9章\9.3.3 课堂案例——制作手机端大米详情页.mp4
实用指数：	☆☆☆☆☆
技术掌握：	横排文字工具、直线工具、"置入嵌入对象"命令、图层样式的使用方法

01 启动Photoshop CC 2019软件，执行"文件"→"新建"命令，新建一个640像素×2467像素的文件，如图9-72所示。

图 9-72

02 执行"文件"→"打开"命令，打开"米饭.jpg"素材，拖曳至画面中，调整素材的大小和位置，如图9-73所示。

图 9-73

03 打开"纹理.png"素材，将其拖曳至画面中，调整至合适的位置，为了方便查看效果，隐藏"背景"图层，如图9-74所示。

图 9-74

04 将"纹理.png"素材所在的图层改名为"纹理"，双击"纹理"图层，打开"图层样式"对话框，勾选"图案叠加"复选框，单击"图案"右侧的下拉按钮，在弹出的面板中选择"花岗岩"图案，设置"不透明度"为60%，如图 9-75所示。单击"确定"按钮，即可应用图层样式，效果如图9-76所示。

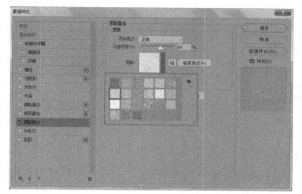

图 9-75

图 9-77

图 9-78

图 9-76

07 执行"文件"→"置入嵌入对象"命令，将"印章.png"素材置入，放至文字旁，如图 9-79所示。

图 9-79

05 选择工具箱中的"横排文字工具" T，在属性栏中设置字体为"隶书"，文字大小为"109.54点"，文字颜色为#cfbd97，在画面左上角输入文字，如图 9-77所示。

06 修改文字大小为"36点"，文字颜色为白色，在左侧也输入文字，如图 9-78所示。

08 在素材内输入文字，适当调整文字大小，如图 9-80 所示。

图 9-80

09 选择工具箱中的"直线工具" ✐，在属性栏中设置"填充"为 #f6f6f6，"描边"为无，"粗细"为"1像素"，在文字左右两侧绘制直线，如图 9-81 所示。

图 9-81

10 创建图层组，命名为"海报"，将制作的所有图层都移至该组中。

11 在海报下方输入黑色文字，并在文字左右两侧添加"手绘水稻.png"素材，如图 9-82 所示。

图 9-82

12 选择工具箱中的"矩形工具" ▭，在属性栏中设置"填充"为红色（#cf0207），"描边"为无，在文字下方绘制矩形，并在矩形内输入黑色文字，如图 9-83 所示。

图 9-83

13 使用"矩形工具" ▭，在红色矩形两侧绘制红色细长矩形，如图 9-84 所示。将海报下方的内容创建为新组，命名为"标题"。

图 9-84

14 选择"矩形工具" ▭，在属性栏中设置"填充"为 #f6f6f6，"描边"为白色，在下方左侧绘制矩形，如图 9-85 所示。

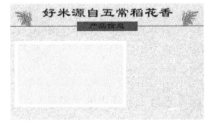

图 9-85

15 双击"矩形 3"图层，打开"图层样式"对话框，勾选"投影"复选框，设置"投影"参数，如图 9-86 所示。单击"确定"按钮，即可应用图层样式，如图9-87所示。

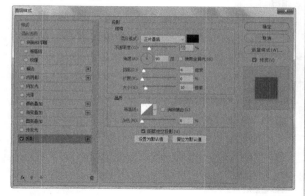

图 9-86

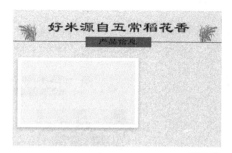

图 9-87

⑯ 执行"文件"→"置入嵌入对象"命令，将"大米1.jpg"素材置入，放至矩形的位置，如图9-88所示。

图 9-88

⑰ 按住Alt键，将光标移至"大米1"图层和"矩形3"图层之间，当光标变为 ↓□ 形状时，单击鼠标左键，为"大米1"图层创建剪贴蒙版，如图9-89所示。

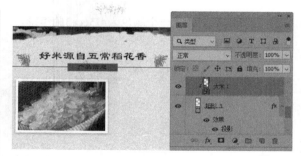

图 9-89

⑱ 使用"横排文字工具" T ，在图片右侧输入相关的产品信息，如图9-90所示。

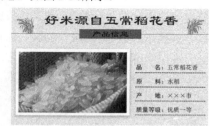

图 9-90

⑲ 使用同样的方法，置入"大米2.jpg"素材，制作下方的产品信息，如图9-91所示。

图 9-91

⑳ 接着制作优质环境部分，标题部分如图9-92所示。

图 9-92

㉑ 在标题下方绘制一个颜色为#f5ece3的矩形，如图9-93所示。

图 9-93

㉒ 双击该矩形图层，打开"图层样式"对话框，勾选"投影"复选框，设置"投影"参数，如图9-94所示。单击"确定"按钮，即可应用图层样式，如图9-95所示。

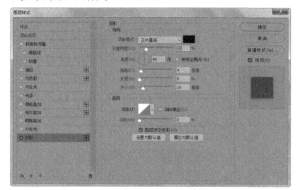

图 9-94

图 9-95

㉓ 按Ctrl+O组合键，打开"土壤.jpg"素材，将其拖曳至矩形的位置，如图9-96所示。

图 9-96

㉔ 按住Alt键，将光标移至"土壤"图层和"矩形 5"图层之间，当光标变为 形状时，单击鼠标左键，为"土壤"图层创建剪贴蒙版，如图9-97所示。

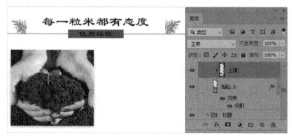

图 9-97

㉕ 在图片的下方输入"土地肥沃"文字，字体为"黑体"，如图9-98所示。

图 9-98

㉖ 使用相同的方法分别添加"阳光.jpg""露水.jpg"和"天然.jpg"素材并输入文字，完成优质环境部分的制作，如图9-99所示。

图 9-99

㉗ 手机端大米详情页制作完成，最终效果如图9-100所示。

图 9-100

9.4　本章小结

本章详细介绍了手机端电商店铺首页、详情页的装修方法，并搭配基础知识讲解，让读者快速上手。

9.5　课后习题

9.5.1　课后习题——制作手机端家具店铺首页

实例效果：素材\第9章\9.5.1\制作手机端家具店铺首页.psd

素材位置：素材\第9章\9.5.1

在线视频：第9章\9.5.1课后习题——制作手机端家具店铺首页.mp4

实用指数：☆ ☆ ☆ ☆

技术掌握：矩形工具、自定形状工具、横排文字工具、图层样式的使用方法

本习题主要练习矩形工具、自定形状工具、横排文字工具、图层样式的使用，置入多个素材，绘制图形并添加图层样式，制作手机端家具店铺首页，最终画面效果如图 9-101所示。

图 9-101

步骤如图 9-102所示。

图 9-102

图 9-103

9.5.2 课后习题——制作手机端年货详情页

实例效果：素材\第9章\9.5.2\制作手机端年货详情页.psd	
素材位置：素材\第9章\9.5.2	
在线视频：第9章\9.5.2课后习题——制作手机端年货详情页.mp4	
实用指数：☆☆☆☆	
技术掌握：圆角矩形工具、横排文字工具和图层样式的使用	

　　本习题主要练习圆角矩形工具、横排文字工具和图层样式的使用，先大致布局，添加素材，然后绘制图形并输入文字，制作手机端年货详情页，最终效果如图9-103所示。

步骤如图9-104所示。

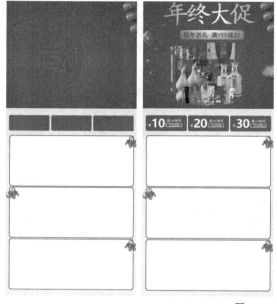

图 9-104

第**10**章

图片的切片与优化

内容摘要

　　在装修电商店铺时，为了保证首页和详情页的风格统一，常需要在同一个页面中完成整体布局，然而制作好的页面通常尺寸很大，不能直接上传并装到店铺中，因此在上传前可通过切片的方式将页面切成若干块，再通过自定义模块进行添加。本章将详细讲解图片的切片与优化的相关知识和操作技巧。

课堂学习目标

- 熟悉图片的切片
- 掌握图片的优化与保存

10.1　图片的切片

对图片进行切片是电商店铺装修中非常重要的操作，需要使用Photoshop实现。下面将进行具体的介绍。

10.1.1　切片工具

"切片工具" ▨ 主要用于切割图像，选择切片工具后，其属性栏如图10-1所示。

图10-1

"切片工具" ▨ 属性栏中各选项含义如下。

- 样式：选择切片的样式，单击"样式"选项的下拉按钮 ▾，在弹出的下拉列表中有"正常""固定长宽比""固定大小"3个选项。
- 宽度/高度：选择"固定长宽比"和"固定大小"样式时，可设置"宽度"和"高度"参数，控制切片的大小。
- 基于参考线的切片：在图像中可以先设置好参考线，然后单击该按钮，Photoshop会自动按参考线切分图像。

10.1.2　切片的作用与技巧

对于电商美工来说，切片工具的使用必不可少。在对图片进行切片之前，需要掌握切片的作用与技巧。

1.　切片的作用

浏览电商店铺时，页面打开的速度受图片大小的影响很大。将一张大图切成多张小图，可以加快页面打开的速度，提高买家的体验满意度。

使用切片工具可以快速在装修店铺时替换单一的商品图，而不影响其他商品图的位置。在对图片进行切片以后，首页或详情页中的关联商品可以一一链接。

2.　切片技巧

切片工具的使用有以下4点技巧。

- 依靠参考线：基于参考线切片比直接手动绘制切片区域更精准，如图10-2所示。

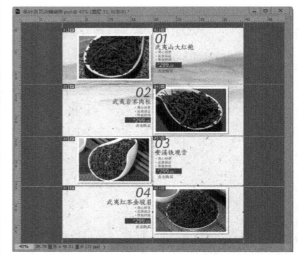

图10-2

- 切片越小越好：切片越小，网页下载图片的速度越快，可以同时让多个图片下载而不是只下载一个大图片，如图10-3所示，所以切片大小要根据需要来定，店铺名称、Logo等主要部分尽量切在一个切片内，防止遇到特殊情况时只显示一部分，圆角表格部分要根据显示区域的大小来切，控制好边界。

图10-3

- 注意那些必须切片的区域：虚线、转角与渐变图形在Dreamweaver中不能切片，只能使用Photoshop切片。
- 特殊文字效果必须切片：除黑体和宋体外，其他字体必须切片。在浏览器中最有效的字体只有黑体和宋体，其他字体浏览器可能不兼容。

10.1.3 切片的方法

在清楚了解了切片的作用与技巧后，接下来开始学习如何使用"切片工具" ▰。

在Photoshop中制作好页面后，选择工具箱中的"切片工具" ▰，在图像上按住鼠标左键，拖出合适的切片定界框后释放鼠标左键，如图10-4所示。

图 10-4

继续切片，将图片分成若干份，切片的时候可根据内容的分界来切，如图10-5所示。

图 10-5

"切片工具" ▰还可以用来编辑切片。在切片区域中单击右键，在弹出的快捷菜单中选择"划分切片"命令，在弹出的"划分切片"对话框中进行相应设置即可，如图10-6所示。

图 10-6

10.1.4 课堂案例——切割护肤品店铺首页

实例效果	素材\第10章\10.1.4\切割护肤品店铺首页.psd
素材位置	素材\第10章\10.1.4\护肤品店铺首页.psd
在线视频	第10章\10.1.4 课堂案例——切割护肤品店铺首页.mp4
实用指数	☆☆☆☆☆
技术掌握	参考线、切片工具、切片选择工具的使用方法

01 执行"文件"→"打开"命令，打开素材资源中的"护肤品店铺首页.psd"文件，并另存为"切割护肤品店铺首页.psd"文件，如图10-7所示。

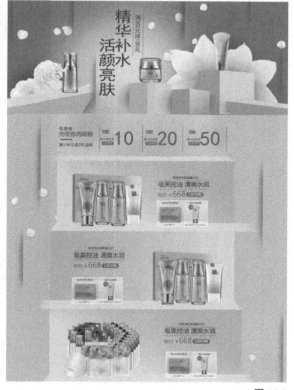

图 10-7

02 按Ctrl+R组合键，在工作界面中显示标尺，如图10-8所示。

图 10-8

03 执行"视图"→"新建参考线"命令，弹出"新建参考线"对话框，保持默认参数设置，如图10-9所示，单击"确定"按钮，即可在图片的最左侧新建一条竖直参考线，图像效果如图10-10所示。

图 10-9

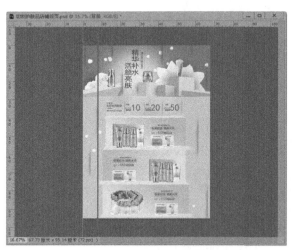

图 10-10

04 执行"视图"→"新建参考线"命令，弹出"新建参考线"对话框，修改"位置"为"34厘米"，如图10-11所示，单击"确定"按钮，即可在图片的中间新建一条竖直参考线，图像效果如图10-12所示。

图 10-11

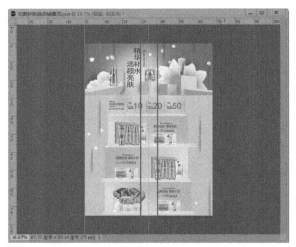

图 10-12

05 使用同样的方法，绘制一条位置为68厘米的竖直参考线，如图10-13所示。

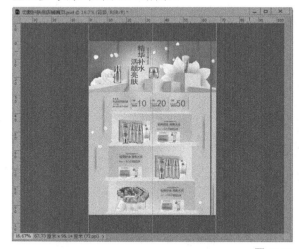

图 10-13

06 执行"视图"→"新建参考线"命令，弹出"新建参考线"对话框，单击"水平"单选按钮，如图 10-14所示，单击"确定"按钮，即可在图片的最上方新建一条水平参考线，图像效果如图10-15所示。

图 10-14

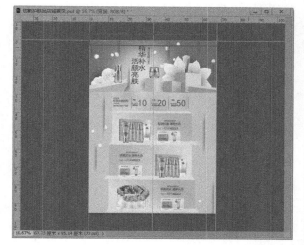

图 10-15

07 使用同样的方法，依次绘制位置为40厘米、58厘米、76.5厘米和95厘米的水平参考线，如图10-16所示。

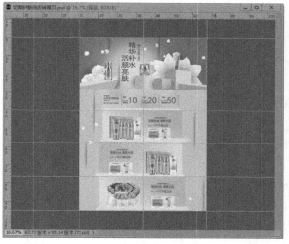

图 10-16

08 选择工具箱中的"切片工具" ，在属性栏中单击"基于参考线的切片"按钮，图像被切割成多个小块，并在切出的图块周围显示蓝色的框，每个框的左上角都标记了数字和图标，如图10-17所示。

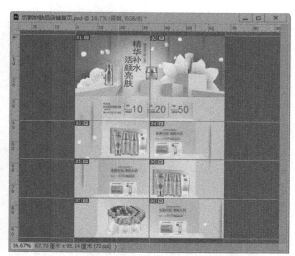

图 10-17

09 选择工具箱中的"切片选择工具" ，选择一个切片，如图10-18所示。

图 10-18

10 双击切片，弹出"切片选项"对话框，如图10-19所示，在URL文本框中输入链接地址，可以为切片添加链接。

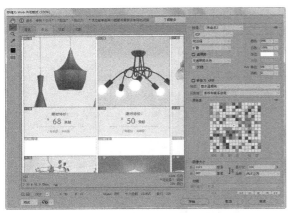

图 10-19

10.2　图片的优化与保存

切片创建好之后，接下来就需要进行优化和存储操作，本节将详细地进行介绍。

10.2.1　图片的优化

创建切片后，需要对图像进行优化，以减小文件的体积，在Web上发布图像时，较小的体积可以使Web服务器更加高效地存储和传输图像，用户能够快速地在电商店铺中浏览图像。

执行"文件"→"导出"→"存储为Web所用格式"命令，将打开"存储为Web所用格式"对话框，在打开的对话框中可以对图像进行优化和输出操作，如图 10-20所示。

图 10-20

对话框中各选项的含义如下。

- 原稿/优化/双联/四联：单击"原稿"选项卡，

可以在窗口中显示没有优化的图像；单击"优化"选项卡，可以在窗口中显示应用了当前优化设置的图像；单击"双联"选项卡，可以并排显示图像的两个版本，即优化前和优化后的图像，如图 10-21所示；单击"四联"选项卡，可以并排显示图像的4个版本，如图 10-22所示。

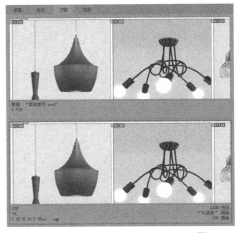

图 10-21

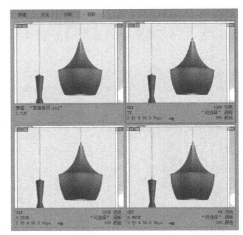

图 10-22

- 工具箱：工具箱中包含抓手工具、切片选择工具、缩放工具、吸管工具、"吸管颜色"按钮和"切换切片可视性"按钮。其中，使用抓手工具可以移动图像；使用缩放工具可以单击放大图像，或按住Alt键单击缩小图像；使用切片选择工具，可以选择窗口中的切片，以便对其进行优化；使用吸管工具，则可以在图像中单击，拾取单击点的颜色，并显示在"吸管颜色"按钮的图标中；通过"吸管颜色"工具可以预览当前所拾取的颜色，单击"吸管颜色"按钮的图标会打开"拾色器"对话框，从中可以看到拾取色彩的RGB、CMYK等数值。单击"切换切片可视性"按钮，可以显示或隐藏切片的定界框。

- 预设：可以设置图像优化后的文件格式，并指定是否将图像颜色转换为sRGB色彩空间。
- 优化菜单：单击该按钮，将弹出下拉菜单，该菜单中包含"存储设置""优化文件大小""链接切片"和"编辑输出设置"等命令，如图10-23所示。

图 10-23

- 颜色表：将图像优化为GIF、PNG-8或WBMP格式时，可以在"颜色表"中对图像颜色进行优化设置。
- 颜色调板菜单：该菜单中包含与颜色表有关的命令，可以新建颜色、删除颜色及对颜色进行排序等，如图10-24所示。

图 10-24

- 图像大小：将图像大小调整为指定的以像素为单位的尺寸或以原稿大小的百分比表示的尺寸。
- 预览：单击"预览"按钮，可以在浏览器中预

览菜单。单击对话框中的 按钮，可以在系统默认的Web浏览器中预览优化后的图像。预览窗口中会显示图像的题注，其中列出了图像的文件类型、像素尺寸、文件大小、压缩规格和其他HTML信息。如果要使用其他浏览器，可以单击下拉按钮 ，选择"其他"选项。

10.2.2 图片的保存

优化完Web图形后，可以在"存储为Web所用格式"对话框的"优化"菜单中选择"编辑输出设置"命令，将打开"输出设置"对话框，在对话框中可以设置输出的文件的格式、名称和编码等，如图10-25所示。

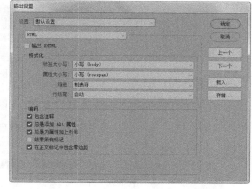

图 10-25

如果要使用预设的输出选项，可以在"设置"选项的下拉列表中选择一个选项；如果要自定义输出选项，则可以单击"HTML"右侧的下拉按钮 ，展开列表框，选择"HTML""切片""背景"或"存储文件"选项，对话框中会显示详细的设置内容，并可以对其进行设置。

10.2.3 课堂案例——优化与保存收纳用品店铺首页局部图片

实例效果：素材\第10章\10.2.3\优化与保存收纳用品店铺首页局部图片.psd	
素材位置：素材\第10章\10.2.3\收纳用品店铺首页局部.psd	
在线视频：第10章\10.2.3 课堂案例——优化与保存收纳用品店铺首页局部图片.mp4	
实用指数：☆☆☆☆☆	
技术掌握：切片工具、"存储为Web所用格式"命令的使用方法	

01 执行"文件"→"打开"命令，打开素材资源中的"收纳用品店铺首页局部.psd"文件，如图10-26所示。

图 10-26

02 选择工具箱中的"切片工具" ，在图像上按住鼠标左键，拖出合适的切片定界框后释放鼠标左键，如图10-27所示。

图 10-27

03 使用相同的方法，对图像中的其他区域进行切片，如图10-28所示。

04 切片完成后，执行"文件"→"导出"→"存储为Web所用格式"命令，打开"存储为Web所用格式"对话框，如图10-29所示。

图 10-28

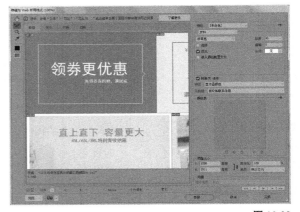

图 10-29

05 切换至"优化"选项卡，选择工具箱中的"切片选择工具" ，选择第一个切片，如图10-30所示。

图 10-30

06 在"优化"选项卡右侧设置相关的参数，进行相应的优化操作，最终优化后的图像效果可以在"双联"窗口中观察到，如图10-31所示。

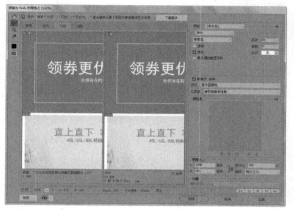

图 10-31

07 使用同样的方法，对其他的切片都进行优化。优化完成后，单击"存储"按钮，打开"将优化结果存储为"对话框，在其中选择需要保存到的文件夹，输入文件名并设置输出格式，如图10-32所示。

图 10-32

08 设置完成后，单击"保存"按钮，打开选择的文件夹，可以看见导出的切片文件，如图10-33所示。

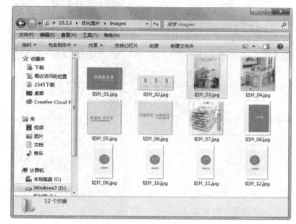

图 10-33

10.3　本章小结

本章详细介绍了切割与优化店铺图片的操作，以及如何对优化后的图片进行存储，以便在装修电商店铺时使用。

10.4　课后习题

10.4.1　课后习题——切割数码产品店铺首页

实例效果：素材\第10章\10.4.1\切割数码产品店铺首页.psd

素材位置：素材\第10章\10.4.1\数码产品店铺首页.psd

在线视频：第10章\10.4.1课后习题——切割数码产品店铺首页.mp4

实用指数：☆☆☆☆

技术掌握：切片工具的使用方法

本习题主要练习切片工具的使用，打开一个已经制作好的数码产品店铺首页素材文件，使用切片工具切割，最终画面效果如图10-34所示。

图 10-34

步骤如图 10-35所示。

图 10-35

10.4.2 课后习题——切割并优化烘焙食品店铺首页商品展示区图片

实例效果：	素材\第10章\ 10.4.2\切割并优化烘焙食品店铺首页商品展示区图片.psd
素材位置：	素材\第10章\ 10.4.2\烘焙食品店铺首页商品区.psd
在线视频：	第10章\ 10.4.2课后习题——切割并优化烘焙食品店铺首页商品展示区图片.mp4
实用指数：	☆☆☆☆
技术掌握：	切片工具、"存储为Web所用格式"命令的使用方法

本习题主要练习切片工具、"存储为Web所用格式"命令的使用，切割并优化烘焙食品店铺首页商品区图片，最终效果如图 10-36所示。

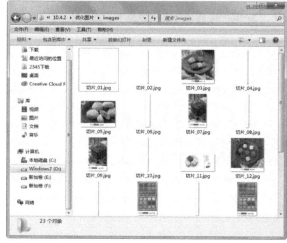

图 10-36

步骤如图 10-37所示。

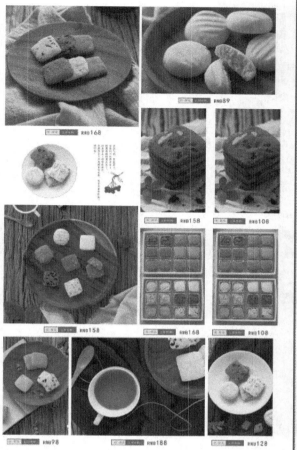

图 10-37

第11章

商业案例实训

内容摘要

　　本章作为本书的一个综合章，在回顾前面所学知识的基础上，结合实用性极强的商业案例，进一步详解使用Photoshop强大的功能进行电商美术设计的技巧。经过前几章的设计训练，相信大家已经提高了自己的设计水平，本章安排了多个综合性的设计案例供读者深入学习。掌握基础的电商美术设计是远远不够的，想要进入这个设计领域必须在商业实战上深入研究，通过综合实战案例的演练，彻底掌握整个电商美术设计体系，为真正的设计做好铺垫。

课堂学习目标

- 掌握绘图工具的应用
- 掌握文字工具的应用
- 掌握图层样式的应用
- 掌握画笔工具的应用

11.1 钻展图设计

本节将结合前面所学知识，以案例的形式为各位读者介绍电商店铺钻展图的设计与应用。

11.1.1 课堂案例——制作手表钻展图

实例效果：	素材\第11章\11.1.1\手表钻展图.psd
素材位置：	素材\第11章\11.1.1
在线视频：	第11章\11.1.1 课堂案例——制作手表钻展图.mp4
实用指数：	☆☆☆☆☆
技术掌握：	矩形工具、圆角矩形工具、画笔工具、图层样式的使用方法

钻展图是放置在钻展展位的广告图，可以为电商吸引买家点击，获取巨大的流量，钻展图作为电商的营销工具，在设计理念上要遵循主题明显、内容新颖、用色大胆等原则。钻展图无论放置在哪个位置，都要第一时间吸引买家的眼球。本案例制作的是一款手表的钻展图，用鲜明的对比色和醒目的文字来体现该手表的卖点，从而提高点击率，提升转化率。

1. 制作背景

01 启动Photoshop CC 2019软件，执行"文件"→"新建"命令，新建一个800像素×800像素的文件，如图11-1所示。

图 11-1

02 创建新图层，设置前景色为#8818de，按Alt+Delete组合键，填充前景色，如图 11-2所示。

图 11-2

03 创建新图层，设置前景色为#4193f8。单击工具箱中的"渐变工具" ，单击属性栏上的渐变条，在弹出的"渐变编辑器"中选择"前景色到透明渐变"，如图 11-3所示，单击"确定"按钮，再单击"径向渐变"按钮 ，在画面中从右往左拖动鼠标指针，填充径向渐变，如图11-4所示。

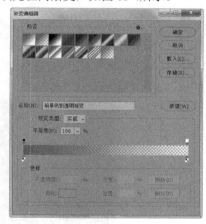

图 11-3

图 11-4

04 按住Ctrl键，单击"图层"面板底部的"创建新图层"按钮 ，在顶部图层的下方新建图层。

05 设置前景色为白色，单击工具箱中的"画笔工具" ，设置属性栏中画笔类型为"柔边圆"，不透明度为90%，在画面上单击，绘制白色圆点，如图11-5所示。

图 11-5

06 单击工具箱中的"圆角矩形工具" ，在属性栏中设置类型为"形状"，"填充"为#eeea38，"描边"为无，在画面中绘制一个圆角矩形，如图11-6所示。

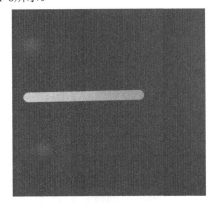

图 11-6

07 双击圆角矩形图层，打开"图层样式"对话框，勾选"渐变叠加"复选框，单击"渐变"右侧的颜色条，打开"渐变编辑器"对话框，设置从#4c95f3到#8818de的渐变颜色，如图11-7所示，单击"确定"按钮，返回"图层样式"对话框，如图11-8所示，单击"确定"按钮，即可为圆角矩形应

用图层样式。

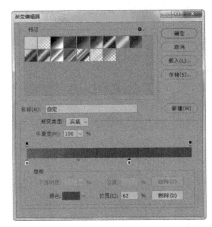

图 11-7

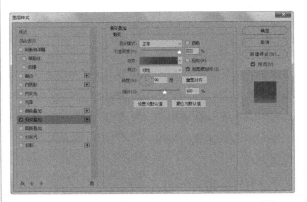

图 11-8

08 按Ctrl+T组合键显示定界框，旋转矩形，并将圆角矩形放在合适的位置，效果如图11-9所示。

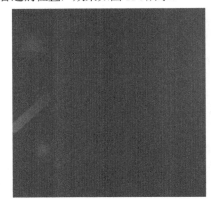

图 11-9

09 按Ctrl+J组合键复制圆角矩形图层，再按Ctrl+T组合键，调整复制的圆角矩形的大小和位置，双击复制的图层，打开"图层样式"对话

框，修改"渐变叠加"参数，修改为从#f8c45e到#8818de的渐变颜色，如图11-10所示。

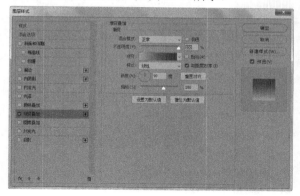

图 11-10

⑩ 单击"确定"按钮，即可为圆角矩形应用图层样式，如图11-11所示。

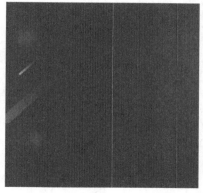

图 11-11

⑪ 用上述复制圆角矩形，修改圆角矩形的大小、位置和颜色的操作方法，制作其他的圆角矩形，如图11-12所示。

图 11-12

延伸讲解：

电商平台不同，其钻展图尺寸也不相同。一般淘宝网页版的钻展图尺寸为520像素×280像素，淘宝手机端的钻展图尺寸为640像素×200像素，天猫网页版的钻展图尺寸为1 180像素×500像素，天猫手机端的钻展图尺寸为640像素×200像素。

⑫ 创建新图层，设置前景色为白色。单击工具箱中的"铅笔工具" ，在属性栏中设置铅笔大小为"2像素"，按住Shift键，按住鼠标左键拖动鼠标，在画面中绘制一条白色直线，按Ctrl+T组合键，调整直线的位置，如图11-13所示。

图 11-13

⑬ 按Ctrl+O组合键，打开"装饰.png"和"钱币.png"素材，将素材拖曳至画面中，复制并调整素材的大小和位置，如图11-14所示。

图 11-14

⑭ 选择右边的钱币素材，执行"滤镜"→"模糊"→"动感模糊"命令，在弹出的对话框中设置参数，如图11-15所示。单击"确定"按钮关闭对话框。

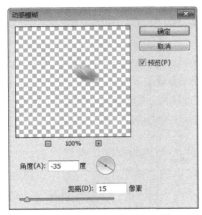

图 11-15

(15) 选择左边的钱币素材，执行"滤镜"→"模糊"→"动感模糊"命令，设置参数，如图 11-16所示。单击"确定"按钮关闭对话框，此时模糊效果如图 11-17所示。

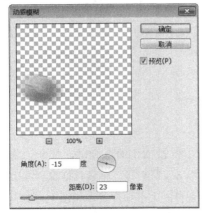

图 11-16

图 11-17

(16) 打开"钱币.png"素材，将其再次拖曳至画面

中，移动至右侧钱币的位置，如图 11-18所示。

图 11-18

2. 添加主商品

(01) 选择最顶端的图层，单击"图层"面板底部的"创建新组"按钮 🔲 ，将组名称改为"手表"。打开"手表.png"素材文件，将素材拖曳至画面中，如图 11-19所示。

图 11-19

(02) 单击"图层"面板底部的"创建新的填充或调整图层"按钮 🔘 ，选择"曝光度"选项，创建"曝光度 1"调整图层，设置参数，如图 11-20所示。

图 11-20

03 按住Alt键，在"曝光度 1"调整图层和"手表"图层中间单击，创建剪贴蒙版，只调整手表的亮度，如图 11-21所示。

图 11-21

04 创建"色阶 1"调整图层，设置参数，如图 11-22所示。按Ctrl+Alt+G组合键创建剪贴蒙版，只调整手表的对比度，如图 11-23所示。

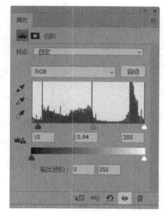

图 11-22

图 11-23

05 创建新组，命名为"倒影"，隐藏"手表"图层，创建新图层，单击工具箱中的"多边形套索工具"，在画面中创建选区，如图 11-24所示，按Shift+F6组合键，打开"羽化选区"对话框，设置羽化半径为"11像素"，如图 11-25所示。

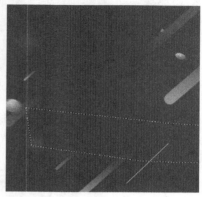

图 11-24

图 11-25

06 为选区填充黑色，按Ctrl+D组合键取消选区，设置图层的不透明度为"80%"，如图 11-26所示。

图 11-26

07 单击"图层"面板底部的"添加图层蒙版"按钮，为图层添加蒙版。单击工具箱中的"渐变工具"，单击"线性渐变"按钮，在"预设"选项中选择"前景色到透明渐变"，在画面中从右往左拖动鼠标指针，制作阴影效果，如图 11-27所示。

181

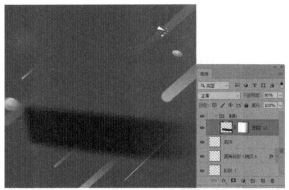

图 11-27

08 创建新图层，隐藏下方的阴影图层。单击工具箱中的"椭圆选框工具" ◯，在画面中创建选区，如图 11-28所示。

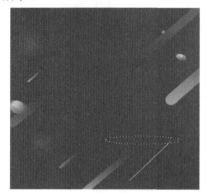

图 11-28

09 按Shift+F6组合键，打开"羽化选区"对话框，设置"羽化半径"为"12像素"，单击工具箱中的"渐变工具" ▣，单击"径向渐变"按钮 ▣，在选区内从中心向外拖动鼠标指针，填充径向渐变，设置该图层的不透明度"60%"，如图 11-29所示。

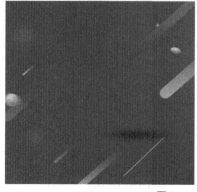

图 11-29

10 再次创建新图层，在画面中创建椭圆选区，如图 11-30所示。

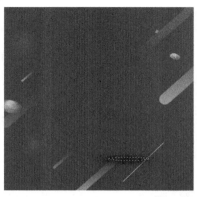

图 11-30

11 按Alt+Delete组合键填充黑色，按Ctrl+D组合键取消选区，单击工具箱中的"橡皮擦工具" ✎，在椭圆两侧轻轻擦拭，制作投影效果，如图 11-31所示。

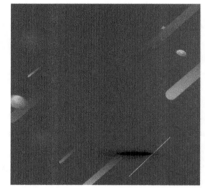

图 11-31

12 用上述制作手表投影的操作方法，制作其他的投影效果，如图 11-32所示。显示"手表"图层，效果如图 11-33所示。

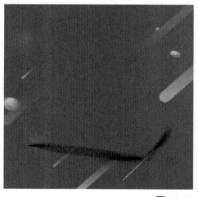

图 11-32

图 11-33

3. 添加文字

01 创建新组，命名为"全国联保"，单击工具箱中的"矩形工具" ▣，在属性栏中设置"填充"为#ec1c43，"描边"为无，在画面右上角绘制矩形，如图 11-34所示。

图 11-34

02 按Ctrl+T组合键，在定界框内单击鼠标右键，选择"扭曲"选项，调整矩形，并在矩形内输入"全国联保"文字，如图 11-35所示。

图 11-35

03 继续选择"横排文字工具" ▣，设置字体为"黑体"，文字颜色为#ffed02，输入"全网销量领先"，双击文字图层，勾选"投影"，设置参数，如图 11-36所示，单击"确定"按钮，即可为文字应用投影样式，如图 11-37所示。

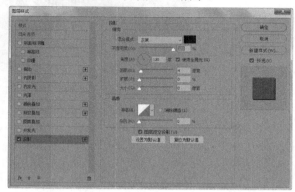

图 11-36

图 11-37

04 按Ctrl+O组合键，打开"光.png"素材文件，添加到编辑的画面中，设置其图层的混合模式为"滤色"，如图 11-38所示。

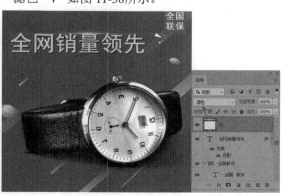

图 11-38

05 选择"横排文字工具" T，在"全网销量领先"的下方输入白色文字，如图11-39所示。

图 11-39

06 创建新组，命名为"赠品"。单击工具箱中的"圆角矩形工具" ，在属性栏中设置"填充"为#ec1c43，"描边"为无，半径为"25像素"，在画面中绘制一个圆角矩形，如图11-40所示。

图 11-40

07 单击工具箱中的"椭圆工具" ，在按住Shift键的同时按住鼠标左键拖动鼠标，在圆角矩形左边绘制一个圆形，如图11-41所示。

图 11-41

08 按Ctrl+J组合键复制圆形图层，再按Ctrl+T组合键，调整复制的圆形的大小，在属性栏中修改其填充为无，描边为黑色，描边宽度为"1点"，描边类型为虚线，设置图层"不透明度"为50%，效果如图11-42所示。

图 11-42

09 选择"横排文字工具" T，在绘制的圆形和圆角矩形中输入文字，文字颜色为#ffed02，如图11-43所示。

图 11-43

10 单击工具箱中的"矩形工具" ，设置"填充"为#821e0d，"描边"为无，在画面底部绘制矩形，如图11-44所示。

图 11-44

⑪ 单击工具箱中的"直接选择工具" ，单击选择左下角的锚点，按住Shift键水平移动锚点，对矩形进行变形，如图 11-45所示。

图 11-45

⑫ 使用同样的方法，分别绘制填充颜色为#e5004f和填充颜色为#ff9100的图形，如图11-46所示。

图 11-46

⑬ 用前面输入文字的操作方法，输入如图 11-47所示的文字。

图 11-47

⑭ 单击工具箱中的"椭圆工具" ，在属性栏中设置"填充"为白色，"描边"为无，在画面中绘制椭圆，如图 11-48所示。

图 11-48

⑮ 设置椭圆图层的不透明度为"25%"，按住Alt键，在椭圆图层和文字图层之间单击，创建剪贴蒙版，为文字图层添加高光效果，如图 11-49所示。

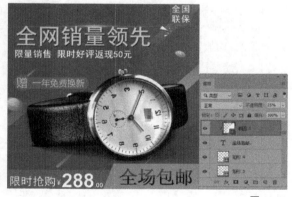

图 11-49

⑯ 创建新图层，单击工具箱中的"多边形套索工具" ，在画面中创建选区，如图 11-50所示。

⑰ 单击工具箱中的"渐变工具" ，单击"径向渐变"按钮 ，在选区左上角从选区内向外拖动鼠标指针，填充径向渐变，按Ctrl+D组合键取消选区，设置该图层的"不透明度"为"25%"，添加高光效果，最终效果如图 11-51所示。

图 11-50

图 11-51

11.1.2 课堂练习——制作蜂蜜钻展图

实例效果:	素材\第11章\11.1.2蜂蜜钻展图.psd
素材位置:	素材\第11章\11.1.2
在线视频:	第11章\11.1.2课堂练习——制作蜂蜜钻展图.mp4
实用指数:	☆☆☆☆☆
技术掌握:	圆角矩形工具、横排文字工具、图层样式的使用方法

食品的钻展图需要将食品的特色展现出来，

如食品的味道、功效等。同时也需要展示食品的质感，将食品和背景相结合，仿佛将美食的味道呈现了出来，画面整体不宜添加过多的装饰，只需突出主体物品即可。

本案例最终效果如图 11-52所示。

图 11-52

11.1.3 课后习题——制作手机端钻展海报

实例效果:	素材\第11章\11.1.3\手机端钻展海报.psd
素材位置:	素材\第11章\11.1.3
在线视频:	第11章\11.1.3课后习题——制作手机端钻展海报.mp4
实用指数:	☆☆☆☆☆
技术掌握:	圆角矩形工具、横排文字工具、图层样式的使用方法

手机端的钻展图和PC端的钻展图相比尺寸较小。制作手机端钻展图可以采用左文右图的布局，将文字信息和商品图片区分开，可以让浏览者快速便捷地浏览广告。

本案例最终效果如图 11-53所示。

图 11-53

11.2 首页设计

本节将结合前面所学知识，以案例的形式为各位读者介绍电商店铺首页的设计。

11.2.1 课堂案例——制作家用电器店铺首页

实例效果：素材\第11章\11.2.1\制作家用电器店铺首页.psd

素材位置：素材\第11章\11.2.1

在线视频：第11章\11.2.1 课堂案例——制作家用电器店铺首页.mp4

实用指数：☆☆☆☆☆

技术掌握：商业广告的设计与制作方法

本案例制作的是家用电器店铺首页，通过添加商品素材、绘制图形，并为素材添加图层样式，搭配文字介绍，将不同种类的家用电器呈现在首页中，为浏览者营造一种商品琳琅满目的视觉效果。

1. 制作海报

01 启动Photoshop CC 2019软件，执行"文件"→"新建"命令，新建一个1920像素×3259像素的文件，如图11-54所示。

图 11-54

02 执行"文件"→"打开"命令，打开"木纹.png"素材，将其拖曳至画面顶部，如图11-55所示。

图 11-55

03 打开"光圈.png"素材，将其拖曳至画面的上方，如图 11-56所示。

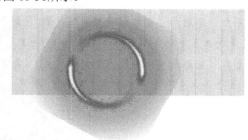

图 11-56

04 在"图层"面板中设置"光圈"图层的混合模式为"滤色"，如图11-57所示。

图 11-57

05 单击"图层"面板底部的"添加图层蒙版"按钮 ⬚，为"光圈"图层添加蒙版，并使用黑色画笔在光圈下半部分上涂抹，如图 11-58所示。

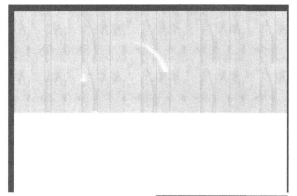

图 11-58

06 按Ctrl+O组合键，打开"木栏.png"和"电器.png"素材，拖曳至画面中合适的位置，如图 11-59所示。

图 11-59

07 在"电器"图层的下方新建图层，选择

"画笔工具" ✐，在属性栏中设置画笔类型为"柔边圆"，适当设置不透明度，修改前景色为白色，在电器底部涂抹，效果如图 11-60所示。

图 11-60

08 按Ctrl+O组合键，打开"飘带.png"素材，拖曳至电器两侧，如图 11-61所示。

图 11-61

09 打开"食物1.png"和"食物2.png"素材，将它们拖曳至合适的位置，如图 11-62所示。

图 11-62

10 双击"食物1"图层，打开"图层样式"对话

框，勾选"投影"复选框，设置参数，如图 11-63
所示。单击"确定"按钮，即可应用图层样式，如
图 11-64所示。

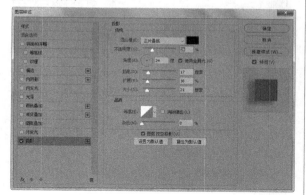

图 11-63

图 11-66

⑫ 按Ctrl+O组合键，打开"调料1.png"和"调
料2.png"素材，将其拖曳至画面中，调整它们的
大小并移动至画面右边，如图 11-67所示。

图 11-64

⑪ 双击"食物2"图层，打开"图层样式"对话
框，勾选"投影"复选框，设置参数，如图 11-65
所示。单击"确定"按钮，即可应用图层样式，如
图 11-66所示。

图 11-67

⑬ 使用前面添加投影的操作方法，为两个素材
添加投影效果，其投影参数如图 11-68所示，效果
如图 11-69所示。

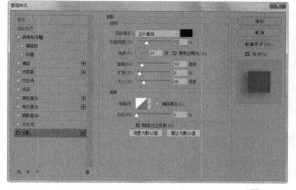

图 11-65

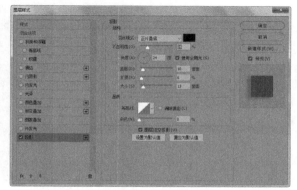

图 11-68

189

图 11-69

⑭ 选择"椭圆工具" 🔘，在画面右侧绘制白色圆形，并适当调整其不透明度，如图 11-70所示。

图 11-70

⑮ 选择"横排文字工具" T，设置字体为"黑体"，文字颜色为#64200e，在画面右侧空白处输入文字"好"，如图 11-71所示。

图 11-71

⑯ 按Ctrl+O组合键，打开"光3.png"素材，拖曳至画面中，如图 11-72所示。

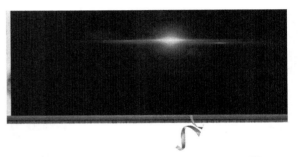

图 11-72

⑰ 在"图层"面板中设置"光3"图层的混合模式为"滤色"，如图 11-73所示。

图 11-73

⑱ 按住Alt键，在"光3"图层和"好"文字图层中间单击，创建剪贴蒙版，让光束的效果只在文字上显示，如图 11-74所示。

图 11-74

⑲ 选择"横排文字工具" T，输入"器"和"做好饭"文字，如图 11-75所示。

图 11-75

⑳ 双击"做好饭"文字图层，打开"图层样式"对话框，勾选"渐变叠加"复选框，设置从#9d3e08到#853804的渐变颜色，如图 11-76所示。单击"确定"按钮，即可为文字应用图层样式，如图 11-77所示。

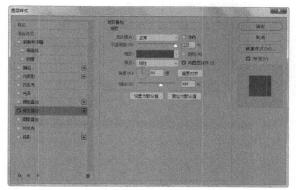

图 11-76

图 11-77

㉑ 选择"直排文字工具" T ，修改字体为"方正姚体"，稍微减小字号，在右边输入文字，如图11-78所示。

图 11-78

㉒ 按Ctrl+O组合键，打开"光4.png"素材，拖曳至画面中，如图 11-79所示。

图 11-79

㉓ 设置"光4"图层的混合模式为"滤色"，并创建剪贴蒙版，使光束效果只显示在文字上，效果如图 11-80所示。

图 11-80

㉔ 选择"钢笔工具" ✐ ，在文字的旁边绘制线段，如图11-81所示。

图 11-81

㉕ 选择"矩形工具" ▭ ，设置"填充"为黑色，"描边"为无，绘制矩形，如图11-82所示。

图 11-82

㉖ 双击"矩形1"图层，打开"图层样式"对话框，勾选"渐变叠加"复选框，单击"渐变"右侧的颜色条，打开"渐变编辑器"对话框，设置从#f77223到#df3f03再到#e74e0a的渐变颜色，如图11-83所示。

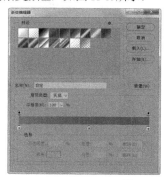

图 11-83

㉗ 单击"确定"按钮，返回"图层样式"对话框，设置其他参数，如图11-84所示。单击"确定"按钮，即可应用图层样式，如图11-85所示。

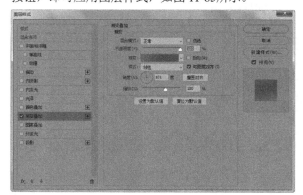

图 11-84

图 11-85

㉘ 选择"横排文字工具" T ，设置字体为"楷体"，文字颜色为白色，在矩形内输入文字，如图11-86所示。

图 11-86

㉙ 按Ctrl+O组合键，打开"食物4.png"素材，将其拖曳至画面右上角的位置，并为其添加投影效

果，如图 11-87 所示。

图 11-87

(30) 创建图层组，将组名称改为"海报"，将之前制作的所有内容都移至该组内。

2. 制作优惠券

(01) 选择"矩形工具" ▣，在海报的下方绘制白色矩形，如图 11-88 所示。

图 11-88

(02) 按 Ctrl+J 组合键，复制矩形图层，再按 Ctrl+T 组合键，缩小复制的矩形。双击复制的矩形图层，打开"图层样式"对话框，勾选"描边"复选框，设置参数，如图 11-89 所示，单击"确定"按钮，即可应用图层样式，效果如图 11-90 所示。

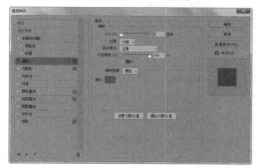

图 11-89

图 11-90

(03) 选择"横排文字工具" T，设置字体为"黑体"，文字颜色为 #ac7848，在矩形内输入文字，如图 11-91 所示。

图 11-91

(04) 修改文字颜色为 #c70000，在优惠券的下方输入"立即领取"。再选择"自定形状工具" ▣，设置"填充"为 #ac7848，"描边"为无，在"形状"下拉面板中选择"方块形卡"图形，如图 11-92 所示，在"立即领取"左右两侧绘制方块，如图 11-93 所示。

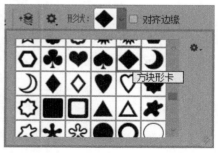

图 11-92

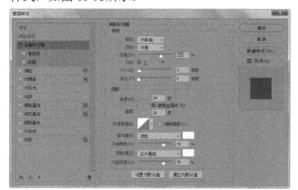

图 11-93

05 双击方块所在的图层，打开"图层样式"对话框，勾选"斜面和浮雕"复选框，设置参数，如图 11-94所示。单击"确定"按钮，即可应用图层样式，如图 11-95所示。

图 11-94

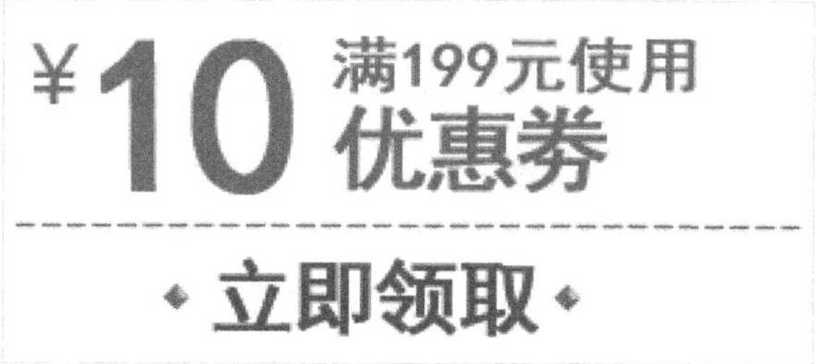

图 11-95

06 运用上述的操作方法，制作其他优惠券，如图 11-96所示。

图 11-96

3. 制作导航区

01 选择"横排文字工具" T，设置字体为"黑

体"，文字颜色为#c1a35f，在优惠券的下方输入"快速导航>>"文字，如图 11-97所示。

图 11-97

02 在文字下方绘制白色矩形，并添加"描边"图层样式，如图 11-98所示。

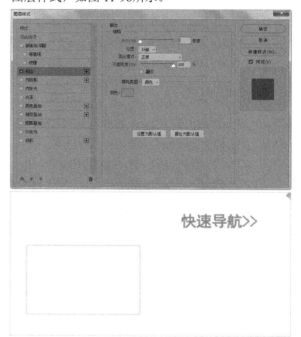

图 11-98

03 按Ctrl+O组合键，打开"豆浆机.png"素材，将其拖曳至矩形处，并在图片下方输入"豆浆机"，如图 11-99所示。

图 11-99

04 使用相同的方法，添加其他素材，并输入文字，如图 11-100所示。

图 11-100

05 打开"冰淇淋.png"和"鸡块.png"素材，分别拖曳至导航区两侧，如图 11-101所示。

图 11-101

4. 制作商品抢购区

01 选择"矩形工具" ，在属性栏中设置"填充"为#e2f8fc，"描边"为无，在导航区的下方绘制矩形，如图 11-102所示。

图 11-102

02 按Ctrl+O组合键，打开"叶子.png""食物3.png"和"卡通蛋.png"素材，将它们拖曳到矩形

的左侧位置，并适当添加投影效果，如图 11-103所示。

图 11-103

03 选择"钢笔工具" ，设置"描边"为无，"填充"为黑色，描边宽度为"0.4像素"，在画面中绘制曲线。再选择"椭圆工具" ，设置"填充"为#fd6b5c，"描边"为无，在曲线右边的端点处绘制圆形，在"图层"面板中设置该圆形图层的"不透明度"为80%，如图 11-104所示。

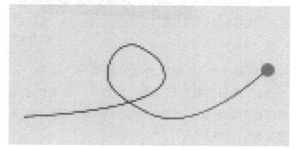

图 11-104

04 在矩形左侧空白处输入黑色文字，字体为"幼圆"，如图 11-105所示。

图 11-105

05 打开"光1.png"和"光2.png"素材，拖曳至画面中的文字位置，如图 11-106和图 11-107所示。

图 11-106

图 11-107

06 设置"光1"图层的混合模式为"浅色"，"光2"图层的混合模式为"滤色"，并为两个图层创建剪贴蒙版，让光束效果只显示在文字上，效果如图 11-108所示。

图 11-108

07 在文字下方绘制两条直线，并在直线中间输入文字。按Ctrl+J组合键，复制"光1"图层两次，分别将复制的图层移至直线图层和文字图层的上方，并修改图层混合模式为"线性减淡（添加）"，如图 11-109所示。

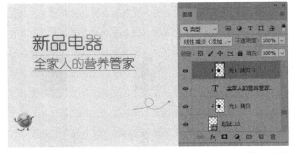

图 11-109

08 选择"椭圆工具" ，在属性栏中设置"填充"为无，"描边"为#595959，描边宽度为"1像素"，在下方空白处绘制圆形框，并在圆形框内输入文字，如图 11-110所示。

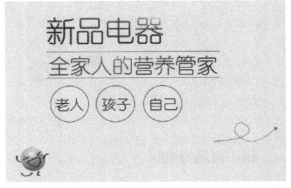

图 11-110

09 按Ctrl+J组合键，复制"光1 拷贝 2"图层，将复制的图层拖曳到所有文字图层的最上方。为"光1 拷贝 3"图层添加图层蒙版，并选中图层蒙版，选择"椭圆选框工具" ，绘制与圆形框同样大小的圆形选区，并按Ctrl+Shift+I组合键反选选区，如图 11-111所示。

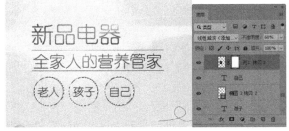

图 11-111

⑩ 设置前景色为黑色，按Alt+Delete组合键为图层蒙版填充黑色，使光的效果只显示在圆形框内，如图 11-112所示。

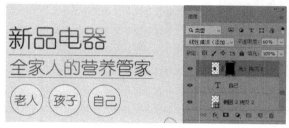

图 11-112

⑪ 在下方输入红色数字和符号，并在右边绘制白色圆角矩形，如图 11-113所示。

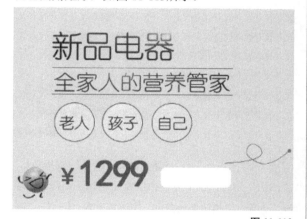

图 11-113

⑫ 为数字、符号和圆角矩形添加"外发光""渐变叠加""内发光""描边"图层样式，各种图层样式的参数如图 11-114所示。单击"确定"按钮，即可应用图层样式。

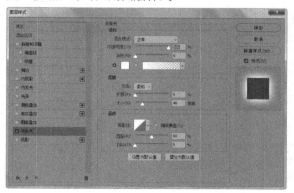

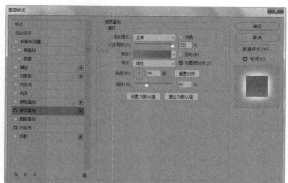

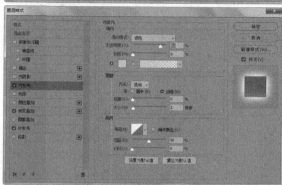

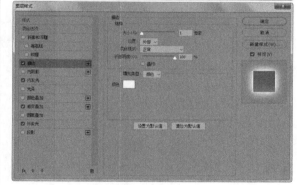

图 11-114

⑬ 在圆角矩形内输入"立即抢购>"黑色文字，如图 11-115所示。

图 11-115

⑭ 选择"矩形工具" ▦ 在右侧空白处绘制白色矩形，如图 11-116所示。

图 11-116

⑮ 为白色矩形添加"描边"图层样式，如图 11-117所示。

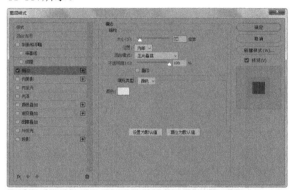

图 11-117

⑯ 按Ctrl+O组合键，打开"电器背景.png"素材，拖曳至矩形位置，如图 11-118所示。

图 11-118

⑰ 按住Alt键，在"电器背景"图层和"矩

形 2"图层中间单击，创建剪贴蒙版，效果如图 11-119所示。

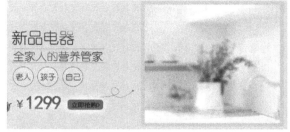

图 11-119

⑱ 打开"双锅.png"素材，将其拖曳至电器背景位置，适当调整大小，如图 11-120所示。

图 11-120

⑲ 选择"矩形工具" ▦，设置"填充"为#f8e2cb，"描边"为无，在下方空白位置绘制矩形。修改"填充"为无，"描边"为白色，描边宽度为"1.5点"，在矩形内绘制白色矩形框，如图 11-121所示。

图 11-121

㉑ 在矩形内添加"茶壶.png"素材，并输入文字，在下方文字的上方和下方绘制白色直线，如图11-122所示。

图 11-122

㉑ 选择"椭圆工具" ◉，在属性栏中设置"填充"为白色，"描边"为#a52f23，描边宽度为"2像素"，在矩形右下角绘制圆形，再选择"矩形工具" ▣，设置"填充"为#a52f23，"描边"为无，在圆形下方绘制矩形，如图11-123所示。

图 11-123

㉒ 在圆形和矩形内输入文字，如图11-124所示。

图 11-124

㉓ 使用相同的操作方法绘制颜色为#ebeaea的矩形并添加"小锅.png"和"煎蛋.png"素材，如图11-125所示。

图 11-125

㉔ 在矩形左侧绘制一个颜色为#fd6b5c的小矩形，如图11-126所示。

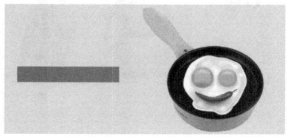

图 11-126

㉕ 为矩形图层添加图层蒙版，选中图层蒙版，选择"钢笔工具" ⫚，在矩形右侧绘制三角形，填充颜色为#ebeaea，图形效果如图11-127所示。

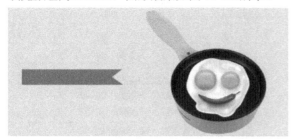

图 11-127

㉖ 在矩形内输入文字信息，如图 11-128所示。使用上述的操作方法，添加商品素材，制作其他的区域，如图11-129所示。

图 11-128

图 11-129

㉗ 最后在画面左右两侧空白处添加"草莓.png"和"菜篮.png"素材，丰富画面，设置"草莓"图层的"不透明度"为76%，家用电器店铺首页最终效果如图 11-130所示。

图 11-130

11.2.2 课堂练习——制作烤箱店铺首页

实例效果：	素材\第11章\11.2.2\烤箱店铺首页.psd
素材位置：	素材\第11章\11.2.2
在线视频：	第11章\11.2.2 课堂练习——制作烤箱店铺首页.mp4
实用指数：	☆☆☆☆☆
技术掌握：	圆角矩形工具、横排文字工具、图层样式的使用方法

　　本练习制作烤箱店铺首页，将主要商品烤箱和用烤箱制作的面包搭配体现出烤箱的实用性。美食类的电商店铺首页需要较多的食品素材，将美食作为首页的装饰，能够直观地向观众传递产品信息，使用视觉冲击展现出产品的特色。

　　本案例最终效果如图11-131所示。

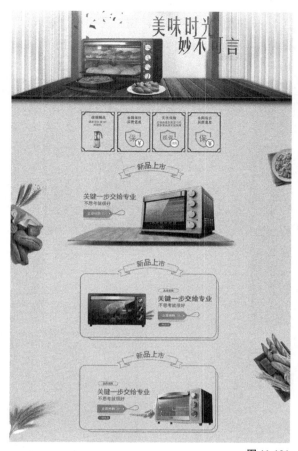

图 11-131

图 11-132

11.2.3 课后习题——制作秋季上新的护肤品店铺首页

实例效果：素材\第11章\11.2.3\秋季上新的护肤品店铺首页.psd	

素材位置：素材\第11章\11.2.3	

在线视频：第11章\11.2.3 课后习题——制作秋季上新的护肤品店铺首页.mp4	

实用指数：☆☆☆☆	

技术掌握：矩形工具、圆角矩形工具、横排文字工具的使用方法	

本案例是制作秋季上新的护肤品店铺首页，整体画面使用了暖色调，符合秋季所带给人们带来的温暖的感觉。树木、树叶等自然植物元素的装饰可以为首页营造温馨浪漫的感觉。

本案例最终效果如图 11-132 所示。

11.3 详情页设计

本节将结合前面所学知识，以案例的形式为各位读者介绍电商店铺详情页的设计。

11.3.1 课堂案例——大闸蟹详情页

实例效果：素材\第11章\11.3.1\大闸蟹详情页.psd	

素材位置：素材\第11章\11.3.1	

在线视频：第11章\11.3.1 课堂案例——大闸蟹详情页.mp4	

实用指数：☆☆☆☆☆	

技术掌握：矩形工具、横排文字工具、图层样式的使用方法	

本案例制作的是大闸蟹详情页，美食类的详情页需要展示食品的细节，通过添加精美的大闸蟹商品图，将产品信息和精美的食品图片搭配，加上对食品细节的展示，仿佛能够让人们品尝到食品的味道。

1. 制作海报

01 启动Photoshop CC 2019软件，执行"文件"→"新建"命令，新建一个1920像素×3259像素的文件，如图 11-133所示。

图 11-133

02 选择"矩形工具" ▣，在画面顶部绘制矩形（颜色可任意设置），如图 11-134所示。

图 11-134

03 按Ctrl+O组合键，打开"大闸蟹.jpg"素材，将其拖曳至矩形位置，如图 11-135所示。

图 11-135

04 按住Alt键，在"大闸蟹"图层和"矩形1"图层中间单击，创建剪贴蒙版，效果如图 11-136所示。

图 11-136

05 在图片的左侧绘制黑色矩形，并设置该矩形的图层"不透明度"为39%，如图 11-137所示。

图 11-137

06 继续选择"矩形工具" ▣，在属性栏中修改

"填充"为无，"描边"为白色，描边宽度为"4像素"，在矩形内绘制矩形框，如图11-138所示。

图11-138

07 单击"图层"面板底部的"添加图层蒙版"按钮 ▣，添加图层蒙版，选中蒙版，使用黑色画笔涂抹矩形框，效果如图11-139所示。

图11-139

08 按Ctrl+O组合键，打开"金粉背景.jpg"素材，将其拖曳至画面左侧，如图11-140所示。

图11-140

09 按住Alt键，在"金粉背景"图层和"矩形3"图层中间单击，创建剪贴蒙版，效果如图11-141所示。

图11-141

10 选择"横排文字工具" T，设置字体为"楷体"，在矩形框内输入"大闸蟹"，如图11-142所示。

图11-142

11 双击"大闸蟹"文字图层，勾选"投影"复选框，设置参数，如图11-143所示。单击"确定"按钮，应用图层样式，如图11-144所示。

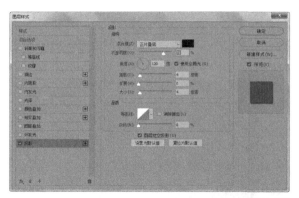

图 11-143

图 11-144

⑫ 在"图层"面板中选中"金粉背景"图层，按Ctrl+J组合键，复制"金粉背景"图层，将复制的图层移至"大闸蟹"文字图层上方，再按Ctrl+T组合键，将其缩小，为复制的图层创建剪贴蒙版，效果如图 11-145所示。

图 11-145

⑬ 选择"椭圆工具" ，设置"填充"为# af0b0c，"描边"为无，在矩形框的缺口处绘制圆形，然后再复

制一个，并在圆形内输入文字，如图 11-146所示。

图 11-146

⑭ 继续选择"椭圆工具" ，修改"填充"为无，"描边"为#ee1727，描边宽度为"1.33像素"，在矩形框的下方绘制圆形框，将其复制3次，水平移动，如图 11-147所示。

图 11-147

⑮ 为每个圆形框所在的图层添加图层蒙版，依次选中各个图层蒙版，涂抹圆形框，效果如图 11-148所示。

⑯ 在圆形框内输入"实物现货"文字，文字颜色为白色，如图 11-149所示。

⑰ 创建图层组，修改组名称为"主图"，将之前制作的所有图层都移至该组中。

图 11-148

图 11-149

2. 制作商品特色区

① 在"主图"图层组的下方创建新组，修改名称为"商品特色"。执行"文件"→"置入嵌入对象"命令，置入"装饰图形.png"素材，将其移动到主图下方，如图 11-150所示。

图 11-150

② 双击"装饰图形"图层，打开"图层样式"对话框，勾选"投影"复选框，设置参数，如图 11-151所示。

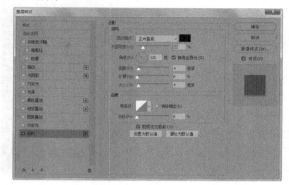

图 11-151

③ 勾选"颜色叠加"复选框，设置叠加颜色为红色（#ee0000），如图 11-152所示。单击"确定"按钮，应用图层样式，效果如图 11-153所示。

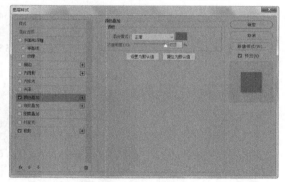

图 11-152

图 11-153

04 使用"横排文字工具" **T**，在图形内部输入红色文字，在图形下方输入黑色文字，如图11-154所示。

图 11-154

05 使用同样的方法制作其他内容，如图11-155所示。

图 11-155

06 按Ctrl+O组合键，打开"背景纹.jpg"素材，将其拖曳至主图下方，如图11-156所示。

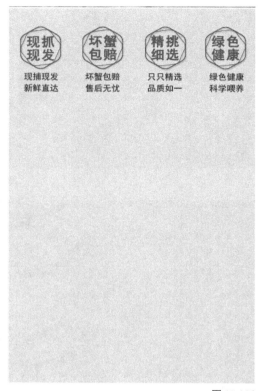

图 11-156

07 选择"横排文字工具" **T**，设置字体为"黑体"，文字颜色为黑色，在黑色文字下方输入文字，如图11-157所示。

图 11-157

08 选择"圆角矩形工具" **□**，设置"填充"为#de0124，"描边"为无，"半径"为"20像素"，在文字下方绘制圆角矩形，如图11-158所示。

图 11-158

09 在圆角矩形的左侧绘制白色小矩形，并为矩形图层添加图层蒙版，在矩形左侧涂抹，如图11-159所示。

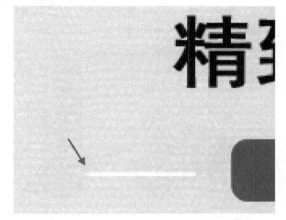

图 11-159

10 双击该矩形图层，打开"图层样式"对话框，勾选"渐变叠加"复选框，设置从灰色（#676767）到透明的渐变颜色，如图 11-160所示。单击"确定"按钮，即可应用图层样式，如图11-161所示。

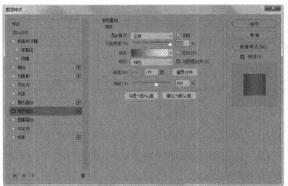

图 11-160

图 11-161

11 按Ctrl+J组合键，复制该矩形图层，将矩形水平翻转并移至圆角矩形的右侧。在圆角矩形内输入白色文字，在圆角矩形下方输入黑色文字，如图11-162所示。

图 11-162

12 按Ctrl+O组合键，打开"桂花.png""盒装.png""捆蟹.png"和"莲蓬.png"素材，将它们依次拖曳至文字下方，如图11-163所示。

图 11-163

⑬ 为"盒装"图层和"捆蟹"图层添加"投影"图层样式，如图 11-164所示。

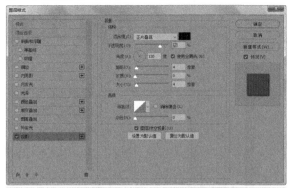

图 11-164

⑭ 在素材下方绘制红色圆角矩形，在圆角矩形内输入白色文字，在圆角矩形右侧输入黑色文字，如图 11-165所示。再在下方空白处连续输入"-"，制作两条虚线段，如图 11-166所示。

图 11-165

图 11-166

⑮ 按Ctrl+J组合键，复制多个圆角矩形图层，并将它们移至合适的位置，输入文本，完成商品特色区的制作，如图 11-167所示。

图 11-167

3. 制作商品展示区

⑴ 最后制作商品展示区域。在画面下方的空白处绘制黑色矩形，如图 11-168所示。

⑵ 选择"横排文字工具" T ，设置字体为"黑体"，文字大小为"55.16 点"，文字颜色为 #ffedbd，在黑色矩形顶部输入"严苛筛选 膏满黄肥"。修改文字大小为"27.55 点"，文字颜色为白色，在下方输入"玉盘珍馐 芳香四溢"，如图 11-169所示。

图 11-168

图 11-169

03 按Ctrl+O组合键，打开"展示1.jpg"素材，将其拖曳至文字下方，如图 11-170所示。

图 11-170

04 单击"图层"面板底部的"创建新的填充或调整图层"按钮 ，选择"曲线"选项，创建"曲线1"调整图层，设置参数，如图 11-171所示。

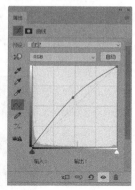

图 11-171

05 将"曲线 1"图层移至"展示 1"图层的上方，并为其创建剪贴蒙版，只调整展示图的亮度，如图 11-172所示。

图 11-172

06 创建新组，名称为"组 1"，将"曲线 1"图层和"展示 1"图层移至组内。

07 选择"圆角矩形工具" ，设置"填充"为白色，"描边"为#978a3c，描边宽度为"2像素"，"半径"为"5像素"，在展示图下方绘制圆角矩形，如图 11-173所示。

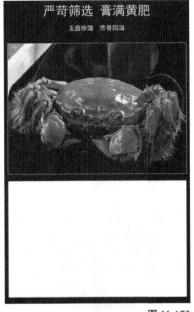

图 11-173

08 按Ctrl+O组合键，打开"展示2.jpg"素材，将其拖曳至圆角矩形位置，如图 11-174所示。

图 11-174

09 按住Alt键，在"展示 2"图层和"圆角矩形 3"图层中间单击，创建剪贴蒙版，如图 11-175所示。

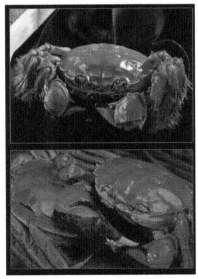

图 11-175

10 单击"图层"面板底部的"创建新的填充或调整图层"按钮 ，选择"曲线"选项，创建"曲线 2"调整图层，设置参数，如图 11-176所示。

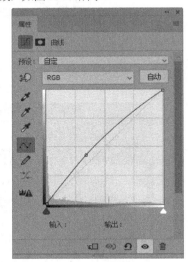

图 11-176

11 按住Alt键，在"曲线 2"图层和"展示 2"图层中间单击，创建剪贴蒙版。创建新组，名称为"组 2"，将"曲线 2"图层、"展示 2"图层和"圆角矩形 3"图层移至该组中，如图 11-177所示。

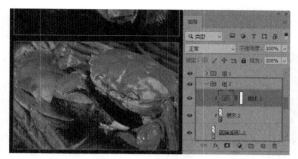

图 11-177

⑫ 使用上述的操作方法，添加其他展示图，制作
"组3"和"组4"的内容，如图 11-178所示。

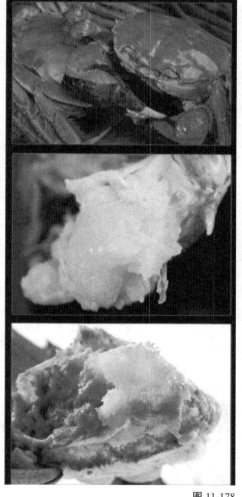

图 11-178

⑬ 大闸蟹详情页制作完成，最终效果如图
11-179所示。

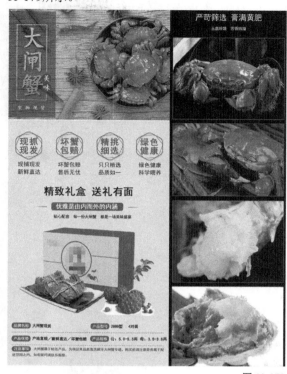

图 11-179

11.3.2 课堂练习——制作橙子详情页

实例效果：素材\第11章\11.3.2\橙子详情页.psd

素材位置：素材\第11章\11.3.2

在线视频：第11章\11.3.2 课堂练习——制作橙子详情页.mp4

实用指数：☆ ☆ ☆ ☆

技术掌握：矩形工具、钢笔工具、横排文字工具的使用方法

本练习制作的是橙子详情页，画面中添加了橙子的精致主图和装饰素材，搭配文字描述，体现出香橙果肉的多汁、美味和细嫩，还介绍了橙子的产品信息，包括产品名称、保质期和保存方法等，让购买者对商品有详细的了解。

本案例最终效果如图 11-180所示。

图 11-180

11.3.3　课后习题——制作炖汤药材详情页

实例效果：素材\第11章\11.3.3\制作炖汤药材详情页.psd

素材位置：素材\第11章\11.3.3

在线视频：第11章\11.3.3 课后习题——制作炖汤药材详情页.mp4

实用指数：☆☆☆☆

技术掌握：矩形工具、横排文字工具、直排文字工具的使用方法

　　本习题练习制作炖汤药材详情页，主要说明汤料搭配和药材的功效，将信息详细地传达给购买者，同时将精致的商品图展示出来，增强顾客的购买欲。

本案例最终效果如图 11-181所示。

图 11-181

11.4　本章小结

　　本章主要详解综合设计实战。在本章中详解了几个经典的案例，从钻展图设计到首页、详情页设计，练习了一些绘图类工具、文字类工具和图层样式等的运用。在学习这些综合案例的时候，不仅要学习如何制作出案例效果，更重要的是要掌握制作流程和关键环节。通过对本章知识的学习与深层次的吸收，可以达到实际应用Photoshop进行电商美术设计的目的。